猫医生的小黑板

本名徐斌，职业兽医师，从事动物临床诊疗12年。微博@猫医生的小黑板，昵称“猫医生”。2017年开始，在新浪微博做猫咪科普及医疗咨询服务，已累积发布上千篇文章和问答内容，受到了近200万养猫、爱猫人士的关注与喜爱。

汉竹主编●健康爱家系列

新手养猫：

从行为解读到温暖相伴

猫医生的小黑板 / 著

江苏凤凰科学技术出版社
全国百佳图书出版单位
·南京·

图书在版编目（CIP）数据

新手养猫：从行为解读到温暖相伴 / 猫医生的小黑板著．-- 南京：江苏凤凰科学技术出版社，2021.1
（汉竹・健康爱家系列）
ISBN 978-7-5713-1309-8

Ⅰ．①新… Ⅱ．①猫… Ⅲ．①猫—驯养 Ⅳ．① S829.3

中国版本图书馆 CIP 数据核字（2020）第136890号

中国健康生活图书实力品牌

新手养猫：从行为解读到温暖相伴

著　　者	猫医生的小黑板
主　　编	汉　竹
责任编辑	刘玉锋
特邀编辑	边　卿　阮瑞雪
责任校对	杜秋宁
责任监制	刘文洋
出版发行	江苏凤凰科学技术出版社
出版社地址	南京市湖南路1号A楼，邮编：210009
出版社网址	http://www.pspress.cn
印　　刷	南京新世纪联盟印务有限公司
开　　本	720mm×1000mm　1/16
印　　张	11
插　　页	4
字　　数	240 000
版　　次	2021年1月第1版
印　　次	2021年1月第1次印刷
标准书号	ISBN 978-7-5713-1309-8
定　　价	68.00元（精）

自序

“猫医生，我家猫有了黑下巴，怎么办？”

“猫医生，猫咪突然不吃东西，是不是生病了？”

“我的猫发情了，要不要绝育？”

“去年已经打过预防针了，今年还要打吗？”

以上，就是我的日常，一名宠物医生，也是一个爱猫人每天要回答的问题。我已经习惯了被粉丝咨询养猫的问题，他们的热情是我一直以来更新微博、做视频的动力。

我的工作和生活离不开猫，爱屋及乌，和这些小家伙们相处久了，就更不忍心看着它们“遭罪”，无论主人是无心还是故意。错误的饲喂，日常养护不当，没有及早发现疾病征兆，甚至错误理解它们的行为，都有可能对猫咪造成伤害。毕竟，猫咪是不会说话的“好友”，也是需要你特别呵护的“小孩”。这本书中的许多内容，正是平日里“铲屎官”们频繁咨询我的问题，我希望自己的专业知识能够帮助新手们少走弯路，把自己的“猫主子”服侍得妥妥帖帖！

养猫这件事，也有不少争议，比如，是捡流浪猫回家还是高价购买名贵猫。我两者都支持！但只有一个原则：爱它，就要负责到底！这也是我在技术层面之外，特别想在书里传递的思想。如果世上能少一只流浪猫，我想，我的工作也会轻松一些，也能多一些安稳觉！

徐斌

2020年12月1日

小橘猫和长毛猫！

目 录 *Contents*

1 养猫前这些问题想清楚

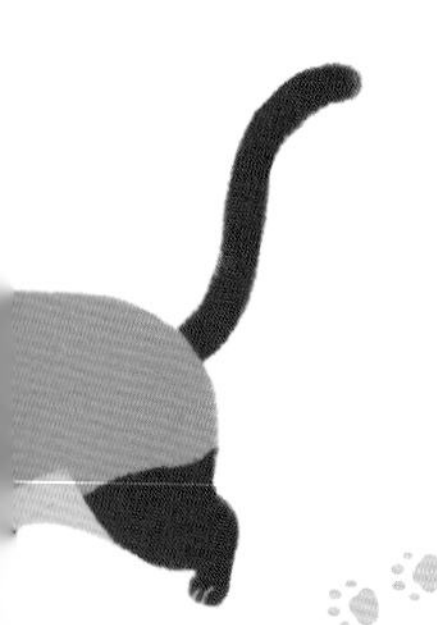

是谁吃了我？我只是暂时将眼睛闭了起来。

邂逅心仪的猫

带猫咪回家

4

行为解读：更懂你的猫

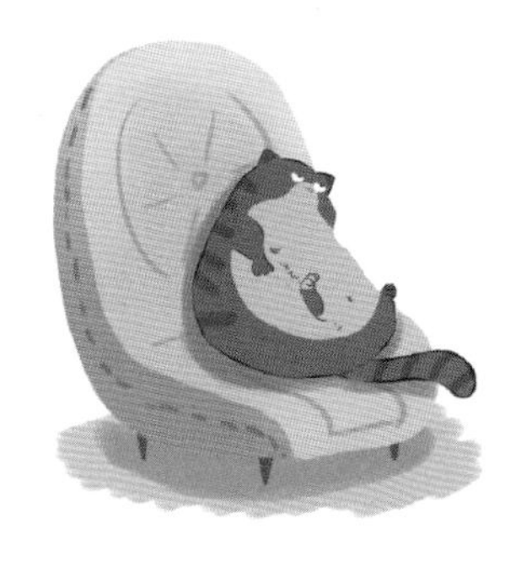

科学喂养：正确饮食少生病

日常护理：让猫咪健康又漂亮

7

健康管理和常见疾病

性格温顺的
英国短毛猫。

宝石一样的大眼睛！

1

养猫前
这些问题想清楚

1. 养猫，你真的准备好了吗？

你为什么想养猫？因为它们可爱、萌萌的，比狗省心……其实养猫远没你想象中那么简单。养猫之前，你需要完成以下测试题，成绩合格后，才算获得了“养猫资格”。

养猫入门考试

1. 每月的收入是否能承担猫咪的日常开支？ ○是 ○否
2. 是否有固定住所，不会频繁搬家？ ○是 ○否
3. 是否愿意给猫咪买玩具？ ○是 ○否
4. 每天陪玩至少 15 分钟，是否有时间？ ○是 ○否
5. 每天给猫咪梳毛至少 30 分钟，是否有时间？ ○是 ○否
6. 猫咪如果不会上厕所，随地排泄，是否能接受？ ○是 ○否
7. 不会为了自己享受（如旅游），而牺牲猫咪的医疗预算？ ○是 ○否
8. 大学毕业 / 和 TA 分手也不会丢弃猫咪，是否能做到？ ○是 ○否
9. 为了让猫咪更好地成长，去学习相关知识？ ○是 ○否
10. 家具上总是留下猫咪的毛发和爪印，是否能接受？ ○是 ○否
11. 衣服上经常有猫毛，是否可以接受？ ○是 ○否
12. 猫屎特别臭，是否可以接受？ ○是 ○否

合格！

有多少预算才能养得起猫？

带猫咪回家的前后一段时间，花费会比较多，因为需要购置一些用具，包括猫窝、猫砂、猫砂盆、食盆、水碗、猫粮等，这些物品的价格浮动比较大，各位“铲屎官”量力而为即可。

一个月后，猫咪的日常开销并不是很大，花费较多的还是猫咪的医疗，比如绝育（600~1 000 元），疫苗驱虫（400~600 元）等，而且这些关乎猫咪的生命健康，千万不能节省，要做好心理准备。平日里可以给猫咪存一笔健康管理备用金，以应对不时之需。

养猫开销一览（仅供参考）

必需品	价格（较高性价比）
食盆、水碗	30~50 元 / 个
猫粮	300 元 / 月（湿猫粮） 150 元 / 月（干猫粮）
猫砂	100 元 / 月
猫砂盆	60 元 / 个
猫窝	40 元 / 个
猫抓板	30 元 / 个
医疗支出	**价格**
疫苗（猫三联）	100~120 元 / 次
绝育	600~1000 元 / 只
住院治疗费	200 元 / 次

家人不接受猫咪怎么办?

虽说养猫好像是个人的事情，但历经千辛万苦之后，很多人往往在家人那一关功亏一篑。总结了以下几招，帮助大家说服不想养猫的家人。

第一招：打“感情牌”

这一招比较适用于学生，以及还和爸妈一起生活、没有稳定经济来源的朋友。

第二招：循循善诱

这一招主要是针对某些对养猫有误解的人，比如有人认为猫咪携带许多寄生虫，会传染给人；有人认为养猫会影响怀孕……从想要养猫的那天开始，可以有意无意地给家人科普相关知识，分享可爱的猫咪图片、视频，让家人科学地看待养猫这件事。往往到最后，家人爱猫比你更甚。

第三招：给出具体承诺

此方法建议和前两招配合使用，往往事半功倍。因为许多人只看到猫咪可爱的一面，而忘了养猫的责任，加上工作或学业十分忙碌，最终照顾猫咪的任务落到了父母身上。所以一开始就要向家人承诺，自己会全力承担照顾猫咪的工作：铲猫屎、给猫洗澡、带猫咪去做绝育手术、打疫苗、训练猫咪……

承诺书

本人XX，承诺养猫后承担起照顾猫咪的责任，包括给猫铲屎、洗澡，带猫去宠物医院做绝育手术、打疫苗等。猫咪的花费由我承担，不给家里其他成员造成负担。如若失信，……

XX（签名）

XXXX年XX月XX日

第四招：先斩后奏下险棋

一般不建议各位用这一招，一来风险太高，二来容易引发家庭矛盾。关于养猫，真不是每位家人都能接受的。如果非要走此险棋，一定要做好最坏的打算，确保有下家可以接手猫咪。

其实，重要的是了解家人不想养猫的真正顾虑是什么，是本身不喜欢、怕麻烦，还是觉得会浪费钱，或是怕影响怀孕。如果没有沟通好，带猫咪回家后收获的就不是快乐，而是各种压力和烦恼。暂时先参与线上"撸猫"，也是不错的选择。

孕妇能不能养猫？

当然能！有这个顾虑的人大多是害怕感染弓形虫，只要注意卫生，养猫不仅无害，还能帮助孕妇放松心情。其实很多感染者根本不是通过猫咪感染的，只是碰巧养了猫而已。

事实上，人感染弓形虫主要是食用了未煮熟的受感染的肉类，或者未经正确清洗或烹饪的蔬菜，所以预防重点是要注意饮食卫生。一些人会从网络商家购买驱虫药来预防弓形虫，是没有必要的。若患有此类疾病，需要用抗生素进行一定周期的治疗。

可能会感染弓形虫的途径

猫咪被感染了（受感染的猫咪占猫科动物总数的 2%）。

被感染的猫咪排泄后，未及时清理，时间超过了 24 小时。

孕妇不戴手套处理了粪便。

如何预防孕妇或猫主人感染弓形虫

孕妇，作为“铲屎官”中的特殊群体，就不要清洁猫砂盆了，这项任务交给丈夫或其他家庭成员来完成；并且要避免人和猫食用生肉，蔬菜也要清洗干净后再烹煮；日常生活中勤洗手。

1. 及时处理猫咪的粪便，定期消毒猫砂盆，做这些之前一定要戴手套。
2. 每年至少给猫咪做一次健康检查，主要检查有没有弓形虫病的相关症状，并且每1~3个月进行一次驱虫。
3. 限制猫咪捕猎以及食用生肉，应该给猫咪饲喂市售的猫粮或者经妥善烹饪的猫食。
4. 如需带猫咪“社交”，尽量不让自家的猫咪接触到其他猫咪的粪便。

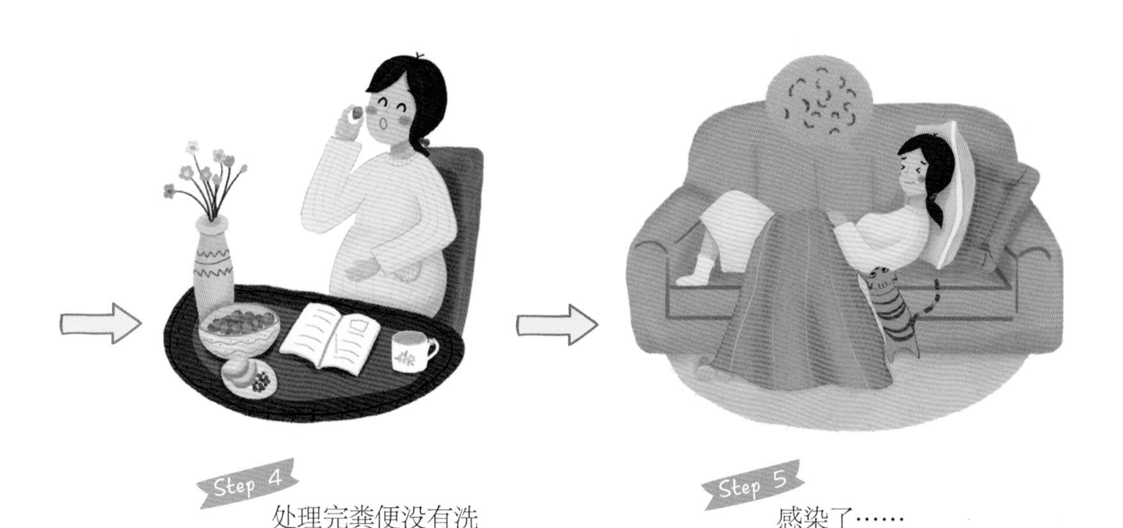

Step 4

处理完粪便没有洗手，不小心吮食被污染的手指。

Step 5

感染了……

4. 家里有宝宝，还能养猫吗？

只要科学养猫，宠物不仅对孩子没有伤害，还有助于培养孩子的责任感和爱心。与宠物一起长大的孩子，成年后往往有更强的社交能力和更好的沟通技巧。

情况一：有宝宝后打算养猫的家庭

首先，选择天性比较温顺的猫，可以容忍小孩子，譬如布偶猫、美国短毛猫、英国短毛猫、伯曼猫、缅甸猫、德文卷毛猫、加菲猫、波斯猫等。尽量选择攻击性不强的猫，譬如阿比西尼亚猫、孟加拉猫、暹罗猫、长毛家猫等。

其次，要从幼猫养起，因为出生后 2~7 周是猫咪社会化的重要阶段，这个阶段往往决定了猫咪之后的性格。

最后，向小朋友介绍猫咪时要循序渐进，不要着急。具体可以参考以下建议。

加菲猫

1 无视猫咪。让小朋友安静地坐下来，认真地告诉他家里即将加入新成员。小朋友接受后，可以让猫咪进入房间，但要让小朋友先忽视它，不要急于和猫咪玩耍。

2 不要太兴奋。让小朋友对猫咪慢慢地眨眨眼睛，让它知道这不是威胁。如果孩子表现得太兴奋、太吵，就暂时停止互相介绍。

3 尝试与猫长时间相处。尝试让孩子喂食，与猫咪玩游戏。记得先给猫咪剪趾甲，以免抓伤——这有可能升级家庭矛盾。

4 不要让孩子强行抱起猫咪。一定要监督孩子和猫咪的互动，在孩子还没有强壮到能正确地抱起猫咪之前，不要让他去抱猫咪。

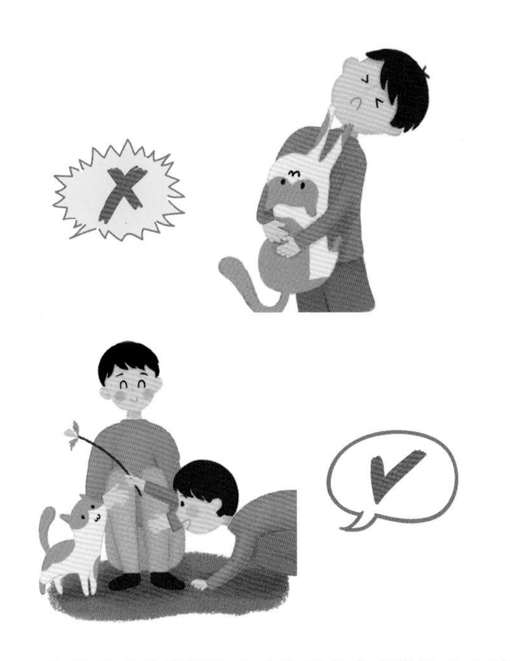

5 轻轻抚摸。让孩子轻抚猫咪的头顶和背部，不要急于碰猫咪的腹部，因为猫咪对陌生人摸腹部是很警觉的。如果猫咪中途跑走，可以稍后再试。

6 等待猫咪主动靠近。教孩子等猫咪靠近后，再去摸它，不要为了引起猫咪的注意而追逐它、纠缠它，绝对不能拉猫咪的尾巴。与猫咪相处，耐心、温柔很重要。

提醒非常重要的两点：第一，孩子和猫咪一起玩耍前要先修剪猫咪的趾甲，以免孩子被抓伤；第二，要教育孩子养成良好的卫生习惯，抚摸过猫咪后先洗手，再做其他事。

情况二：怀孕前就有猫的家庭

对于先有猫咪再有孩子的家庭来说，怀孕期间，就应该提前让猫咪适应，以免在孩子出生后猫咪出现应激反应而发生意外，从而引发家庭矛盾。

1 怀孕时就在家里播放婴儿的哭闹声。音量从小逐渐放大，慢慢地放至最大，让猫咪适应婴儿的哭声。

2 培养猫咪单独玩耍的习惯。宝宝出生后，家人要照顾宝宝，不能像以前一样有那么多精力和时间陪猫咪玩，可以添置一些互动性强的玩具，如猫转盘、猫吊杆、猫爬架，让猫咪慢慢习惯单独玩耍。

3 让猫咪熟悉婴儿用品。让猫咪逐渐接受新的家庭成员，先熟悉婴儿的生活用品，比如婴儿车等，但是不要让猫咪攀爬，确保猫咪与其保持安全距离，必要时可以使用防护栏隔离。如果猫咪不听话，切勿打骂猫咪，这只会适得其反。

4 确保猫咪有一个可躲避的空间。给猫咪创造一个安静、无威胁的环境，确保它的窝、食盆、水碗和猫砂盆都远离家人频繁走动的区域。一旦宝宝会走路了，就要用防护栏来保护猫咪的隐私。猫咪可能会变得烦躁不安，甚至试图逃出房间，这时候可以使用信息素（费利威）来缓解猫咪的情绪。

猫屎、猫尿很臭，你真的可以忍受吗？

猫屎、猫尿到底有多臭？

我觉得猫屁可以在战争的时候做毒气弹！

3-12 08:45

我的小伙伴有鼻炎，常年对味道不敏感。直到闻到了猫屎的味道，惊呼出声，狂奔逃走，哈哈哈哈哈……

3-12 12:22

你为什么还乐呵呵地养猫？

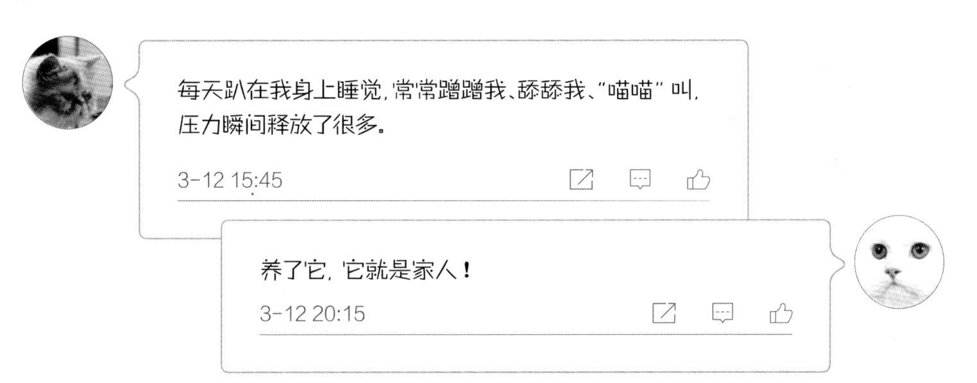

及时使用酶清洁剂

由于尿液中含有氨，这种气味会让猫再次来这个地方尿尿，所以一旦猫咪乱撒尿，要及时清洁。

1. 先擦干猫尿渍，用清水洗净该区域，再用抹布吸干水。
2. 用酶清洁剂冲洗污渍，10~15 分钟后，用干净的布吸干清洁剂。
3. 在上面放置障碍物，让猫咪远离这个区域，等待晾干。

6. 严重过敏能不能养猫？

过敏是一种免疫反应，只要完全去除过敏原就可以养猫。首先要弄清楚究竟是对猫毛，还是对猫咪分泌的一些蛋白质过敏，然后采取相应的处理方法。

对猫咪分泌的蛋白质过敏

可以考虑养俄罗斯蓝猫或阿比西尼亚猫，这两种猫咪体内的蛋白质过敏原非常少。另外，母猫的蛋白质过敏原会比公猫少，而公猫结扎后，体内蛋白质过敏原的分泌也会减少。

俄罗斯蓝猫

俄罗斯蓝猫体型细长，被毛短，毛色是中等深度的纯蓝色，泛着银色光泽，每周梳理一次就行。尖尖的耳朵大而直立，杏仁状的眼睛为翡翠绿色，集优雅和高贵于一身。现在培育出了不同颜色的品种，均被称为俄罗斯短毛猫。

阿比西尼亚猫

又称埃塞俄比亚猫，也因步态优美而被誉为“芭蕾舞猫”。身躯柔软灵活，耳朵间距较宽，前额有 M 形斑纹，杏仁状的眼睛周围有一圈深色的色环，像是画了眼线一般。嗓音悦耳，即使在发情期，也不会声嘶力竭。每周梳理一次毛发即可，要注意小猫抵抗力差，要定时清洁猫窝。

对猫毛过敏

可以考虑养无毛猫，但为了排除对猫咪皮脂腺分泌物和猫咪唾液不耐受，建议敏感体质者先到养猫的朋友家中，与猫咪相处一段时间，如果出现过敏症状的话，直接去医院做过敏原测试，再慎重决定是否要养猫。

斯芬克斯猫

因其与古埃及神话中斯芬克斯的雕塑神似而得名，又称加拿大无毛猫。刚生下的小猫身上有许多皱纹，并布满了柔细的胎毛，随着年龄的增长，绒毛仅残留于头部、四肢、尾巴和身体的末端部位。摸上去就像在摸一块光滑柔软的小山羊皮。斯芬克斯猫性情温顺，独立性强又没有攻击性，很容易与人以及其他猫狗相处。

顿斯科伊猫

这种猫源于一只在俄罗斯街头被解救的流浪猫，成年时失去正常被毛，它所产下的幼猫也有着同样的基因突变。顿斯科伊猫分完全无毛和有部分被毛两种。顿斯科伊猫十分温柔，性格机智活泼，有很强的社交能力。

是隐藏的社交能手!

人家摸起来会有
些油腻感。记得
定期给我洗澡!

彼得无毛猫

是东方短毛猫和顿斯科伊猫的后代，也分完全无毛型和有刷子般的厚密刚被毛型（成熟时变无毛或留一层绒细被毛）。这种猫咪性格讨喜，令人愉悦，是不错的家猫之选。

7. 不同猫咪性格不同，你是否有足够耐心？

猫咪之间的性格差异较大，有些温顺，有些调皮，有些还有行为问题。有些猫主人不知道如何科学地纠正猫咪的行为，情急之下就会打猫，但这只会让猫咪更加害怕，疏远主人。

其实猫咪就和人一样，不同的猫有不同的性格，主要分为五种性格，快来看看你家的小宝贝属于哪一种，是不是最调皮的那一类？

人类型

布偶猫、美国短毛猫、英国短毛猫等

这类猫咪喜欢人类的陪伴，通常容易被驯服，甚至可能不想玩游戏或与其他动物互动。一般从很小的时候就和人生活在一起，并且已经被适当地社会化了。它们喜欢被抚摸，被喂养，被珍爱。

猫型

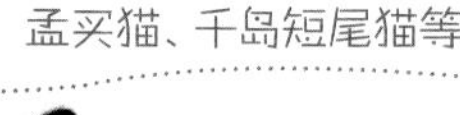

孟买猫、千岛短尾猫等

这类猫的性格和人类型非常相似，但更喜欢同类的陪伴，常常跟同伴一起玩耍，互相按摩。当主人长时间离开家时，只要有足够的伙伴，它们通常不会感到寂寞。

猎人型

短毛家猫、孟加拉豹猫等

所有猫都是天生的猎手，这类猫更是如此：它们野性十足，比起普通玩具，更喜欢现实的玩具，甚至会把死去的动物带回家给主人，譬如小鸟。如果你有一只具有这种性格的猫，你准备的玩具必须能满足它打猎的需求。

好奇型

阿比西尼亚猫、巴厘岛猫、缅因猫等

这类猫很有安全感，通常有很强的地盘意识，屋子里不可能有东西是猫不知道的。当有东西进入它们的领地，它们会竭尽全力地控制局面。它们通常已经习惯与人、其他动物共同生活。

交保护费了没？
我可是这里的老大！

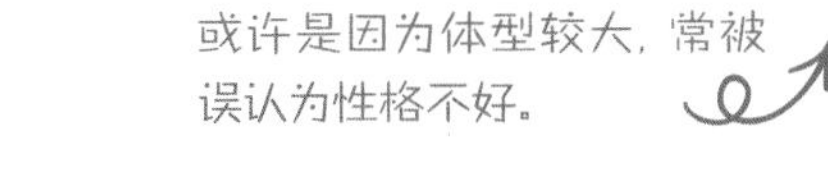

独立型

暹罗猫、索马里猫、中华狸花猫等

这类猫机警独立，不喜欢社交，比如主人刚回家时，它们会马上躲起来，可能是由于不良的社交或一些创伤造成的。它们需要更多的时间来适应新的环境和信任新的伙伴。主人需要花大量时间陪伴这种性格的猫，让猫咪有安全感，才能越来越亲近。

被黏人猫咪一早叫醒，你是否可以不再赖床？

猫咪有时会坐在门口等你回家，有时会用滑稽的动作逗你开心，有时就静静地陪在你身边。它们是天使也是魔鬼，是你早上起床的闹钟，也是出门的绊脚石。

你养的可能不是猫，而是男 / 女朋友

相互依偎

在一天漫长而辛苦的工作之后，没有什么比和毛茸茸的猫咪依偎在一起让人感觉更舒坦了。

陪伴

在家工作时的文件、电脑都可能会吸引你的猫咪，它们很喜欢在你工作的时候陪伴（打扰）你。

闹钟

如果你早上很难起床，那猫咪会很乐意帮你。没有什么比一只饥饿的小猫嚎叫着要吃早餐更能把你从睡梦中唤醒的了——对于提高你早上的工作效率，它会带来意想不到的效果。

互动

跳跃、猛扑和追逐是猫咪最喜欢的娱乐方式，在你意想不到的时候突然跳出来扑向你，和你玩，这非常能锻炼、提高你的反应能力！它们会给你留下很多难忘的回忆。

调整猫咪作息的方法

睡得正香被踹脸，被充当“肉沙包”，被发情期的猫咪吵得睡不着……很多猫主人都遇到过类似的情况，晚上被猫咪折腾得无法入睡，早上五六点又被猫咪叫醒，想睡个懒觉都难！

坚持下面的方法，连续 5 天，能在一定程度上调整猫咪的作息。

1 **睡觉前喂食。**饱腹感容易产生瞌睡感，这一点在猫咪身上也同样适用，上床前让猫咪吃到七八分饱。

2 **睡觉前陪猫咪玩 30 分钟。**逗猫棒、毛线球……能用上的玩具齐上阵，消耗它的精力。

3 **白天多玩少睡。**白天在家的时候，尽量让猫咪少睡觉多运动；如果白天不在家，可以为猫咪准备一些玩具。

4 **绝育。**发情期的猫咪受激素影响，夜间容易嚎叫，只要为它做绝育手术，问题就迎刃而解了。

5 **自己规律作息。**猫主人和猫咪相处久了，猫咪就会自觉地调整作息，慢慢向主人的作息时间靠拢。

装睡也有用

每天早上在猫咪试图叫醒你的时候，你可以试试装睡不醒，久而久之，它自然就会在规定的时间内叫你起床了。

起床之后，不要先忙着照顾猫咪，自己洗漱好、收拾好后，再给猫咪喂食，通过这样的方式让猫咪学会等待，也让它的进食时间更加规律。

9. 猫毛“肆虐”，有什么理由让你坚持？

除了猫咪可爱的外貌，更多人养猫的原因是猫咪无声的陪伴带来的感动。一地鸡毛的生活里飘着几缕猫毛，仿佛日子也变可爱了。

 猫咪有强大的“治愈能力”

养猫的人更快乐。研究发现，养猫的人，其心理健康状况远远好于那些没有养宠物的人。养猫的人往往更快乐，更自信，更少焦虑。此外，养猫对小孩子也有好处。研究发现，与猫有密切联系的11~15岁的孩子生活质量更高，对猫咪依恋能带来更多的乐趣。

养猫能舒缓压力。猫咪自带一种自然平静的气质，与猫咪相处，它不吵不闹，更多的是无声的陪伴。它们像软软的小毛球，揉一揉，蹭一蹭，烦躁的情绪就能得到舒缓。

养猫能改善人际关系。研究发现，养猫的人更容易信任他人，对他人的行为也更敏感，在生活中更能感受到他人的支持。这是因为对猫有积极感觉的人更容易对其他人有积极的反应。

到处都是猫毛，能做些什么？

1 **定期梳毛。**有助于保持猫咪皮毛健康，减少毛发脱落。

2 **选择健康的饮食。**保证猫咪的饮食中有足够的 ω -3 脂肪酸和 ω -6 脂肪酸，有助于防止毛发过度脱落，保持光泽健康的毛发。

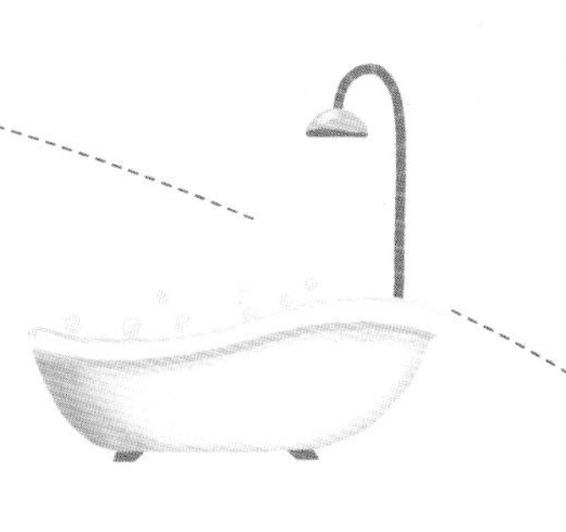

3 **定期洗澡。**如果你的猫咪真的很抗拒洗澡，不要强迫它，可以用湿巾来帮它清洁，也能有助于减少猫毛的脱落。

4 **经常清洗家具。**尽量选择易清洗（可拆卸）的家具，有必要的话可以为家具盖上保护罩，方便清洗。使用吸尘器能更彻底、更方便地清理房间。

5 **注意潜在问题。**猫的皮肤上出现红斑，猫咪出现不正常的掉毛，并且有瘙痒或舔舐过度的现象，可能与疾病或寄生虫有关，建议带它去宠物医院做相关检查。

掉毛是猫咪生活中正常而自然的一部分，比较介意这一点的小伙伴，养猫前请慎重考虑。

猫医生的小黑板　注意补充 ω -3 脂肪酸和 ω -6 脂肪酸

ω -3 脂肪酸和 ω -6 脂肪酸是两种不饱和脂肪酸，为必需脂肪酸，动物体内无法自行合成，需要从食物中摄取以维持身体的正常生理机能。如果猫咪体内缺乏 ω -3 脂肪酸，容易出现过敏、关节炎、心血管疾病和肿瘤等问题。ω -3 脂肪酸可以通过摄入深海鱼油、脂肪酸胶囊补充。一般常见油脂中都含有 ω -6 脂肪酸，注意不要摄入过多。

10. 买名贵猫还是领养流浪猫？

这个问题很有争议，从情感角度讲，流浪动物的悲惨遭遇令人心痛，被领养后生活条件能得到改善，是一件好事。当然，自己有能力买名贵猫，也是不错的选择。萝卜青菜各有所爱，无论是领养流浪猫，还是购买名贵猫，只要饲养后，真心地对待猫咪，对猫咪负责就可以了。

11. 养流浪猫是一件丢人的事吗？

养流浪猫不丢人，丢人的是让猫出去流浪的人。

要知道的是，不是你选择了猫，而是猫选择了你。如果流浪猫在你脚的周围磨蹭，主动跟你回家，一般来说，这样的猫咪都能很好地适应家庭环境。如果是你主动把一只流浪猫带回家，则需要做一些准备，让猫咪尽快适应新环境。譬如提供一个安全、温暖、安静的环境给它独处，放上足够的食物、水，每日清理猫砂盆，必要时使用一些信息素。过些时日，你们之间的关系就会得到改善。

12. 领养或购买猫咪时注意什么？

没有人不想心爱的宠物是健健康康的，在领养或购买猫咪时要格外注意哪些方面呢？

①建议购买 2 月龄以上的猫咪，月龄太小的猫咪对新手来说不太好养。

②购买猫咪前一定要查验下卖家的资质（猫舍证、猫舍资质等）。

③别听卖家说给猫咪打过疫苗了就轻易相信了，最好让卖家提供猫咪抗体检测报告，一旦出现意外，还能直接曝光提供报告的医院。

④猫咪的食欲、大小便一定要正常，这点特别重要。

13. 捡到流浪猫后，第一件事做什么？

据统计，有七成“铲屎官”的猫咪都是捡来的。其实捡到的猫咪很可能不是流浪猫，而是迷路走失的家猫。如果你偶遇正在街头流浪的猫咪，又不忍心坐视不管，不妨采取以下处理方法。

把猫咪带回家之前，首先观察是否是走失的家猫，如果猫咪脖子上有戴名牌，可以通过名牌上的联系方式寻找失主。如果没有办法联系到失主，或确认是没有主人的猫咪，就可以考虑饲养。

决定自己饲养

思考自己的条件能否养好猫咪。如果家里已经有一只猫咪了，是否有信心和办法让两只猫咪和谐相处。

寻求领养者

可以在亲友间、宠物医院或者网络上寻找领养者，也可以向宠物领养救助中心等公益组织询问有无合适的领养者。

带流浪猫回家前

带猫咪去宠物医院，医生会进行相应的检查，看猫咪口腔是否有牙结石、是否红肿，耳朵里是否有过量分泌物，眼结膜是否水肿，皮肤是否有红肿，是否有脱毛、黑下巴等情况，皮毛是否枯燥无光泽，走路姿势是否正常，触诊全身关节以及腹部，观察猫咪是否能感到疼痛……

如果没有

在宠物医生给猫咪驱虫后，带回家观察 10 天，如精神、食欲、大小便正常，过了 2 月龄就可以打疫苗了。

如果有

交给宠物医生做相应处理即可。

14. 恋爱时甜蜜养猫，分手后猫咪怎么办？

怎么处理和前任一起养的猫？

一起养了两年，分手后猫归我了，是它陪伴了孤身一人在外地生活的我。小东西也不认生，和现任相处得很好。

3-24 09:15

好在我们有两只猫，分手后一人一只。总觉得我们两个人能在一起这么久，这两只小家伙也有功劳。

3-24 12:42

现任留着和前任一起养的猫，怎么办？

猫咪是无辜的吧。说实话当时没想那么多，倒是他担心我不接受，小心翼翼地告诉我，哈哈哈……当时觉得"买一送一"，赚了。

3-24 15:20

原本自己真的是超级喜欢布偶猫，但是不知道为什么，现在看见布偶猫就烦，知道猫咪是无辜的，但还是不能接受。有次他前女友居然还给他发短信聊这只！因为这事争吵过很多次，现在他把猫咪送给朋友养了。

3-24 21:05

在养猫之初，两个人可以做好约定，不会因为感情问题影响猫咪的生活，不给世界添一只流浪猫。一旦犹豫，还是不要养为好。如果已经分手，抚养猫咪的一方要有不因下一任而影响猫咪的觉悟。如果因为猫产生无法调和的矛盾，可以将猫咪送给父母或者有意愿有能力的朋友抚养。

爱它，就要不离不弃

从养猫的那天开始，主人的责任就不仅是让它吃好喝好，因为这是最基础的生存条件，它还需要更好的医疗护理以及情感上的关怀。

你应该去学习更多知识，学着了解猫咪，学着怎么养好它。在养猫之前，为你总结以下非常重要的几点，也是本章内容的核心。

1 **有稳定的经济来源。**需要为猫咪提供满足其生理需求的必要物质条件，包括住所、水、食物以及医疗护理。

2 **关注猫咪的心理健康。**每只猫咪都是特殊的个体，不仅要满足它的生理需求，还要注意心理变化。要去了解什么是它喜欢的，什么是它不喜欢的，用心去感受它的喜好。就像你刚开始交朋友时一样，需要给对方时间来让彼此相处得更舒服。如果它生活的环境足够轻松，它会很愉悦，便能够变得温和体贴，然后你会发现，和猫咪生活会是一段温暖的时光。

3 **养猫不等于省心省时。**很多人说养猫比养狗轻松，不用遛，认为猫咪非常独立且不需要主人的陪伴。其实大错特错，猫咪是需要主人的陪伴和抚慰的。当然，花时间陪伴猫咪，你也会非常享受。

4 **猫咪不是随手可扔的物品。**当猫咪出现任何问题时，都应该尽力去处理而不是狠心抛弃它，因为猫咪是鲜活的生命而不是物品。

性格刚烈又好动的暹罗猫，养之前考虑清楚！

扁扁脸的加菲猫

2
邂逅
心·仪的猫

猫咪是一种什么样的动物？

除了拥有毛茸茸、可爱的外表，古灵精怪的性格之外，猫咪还是什么样的？它们的身体有什么特性？家猫是怎么来的？

从野猫到家猫

猫并非天生就是家养的，而是被驯化而来的。

最早的类猫肉食动物出现于约3500万年前。根据现在所发现的化石，推断现代猫科动物约1100万年前便在亚洲出没。而我们所熟知的大型猫科动物，如狮子，是在200万~400万年前才开始进化。那时候温暖干燥的气候有利于植物生长，为大群的食草动物提供了开阔的栖息地。这些食草动物的皮肤软嫩，容易被身形矫健的食肉猫科动物捕食，而另外一些行动不太灵活的猫科动物，如剑齿虎，便逐渐灭绝了。

猫科动物谱系图

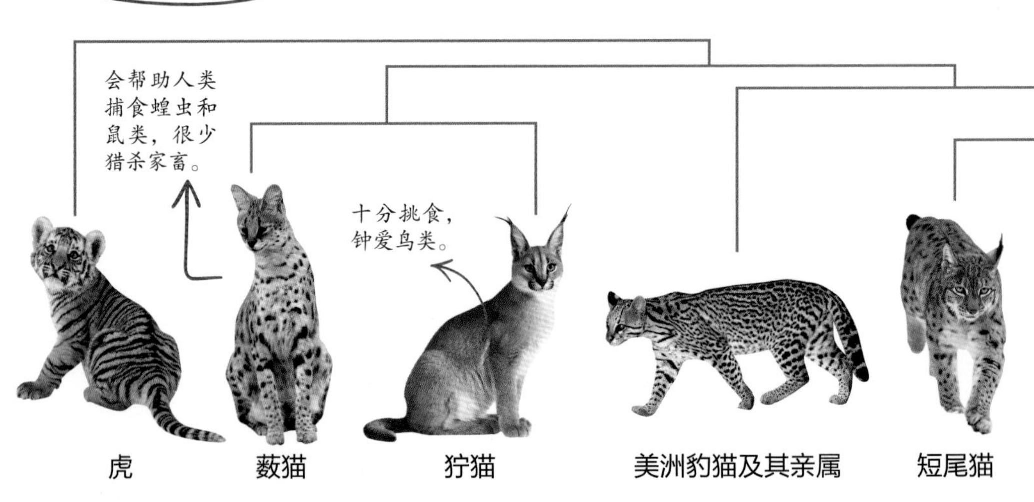

美国和欧洲地区的猞猁，美国的短尾猫，亚洲豹猫以及东南亚、亚洲、欧洲、非洲的野猫，这些都是最新进化的猫科种类。其中，非洲野猫通常被认为是家猫的起源。

那么人类和猫的故事，是从什么时候开始的呢？这就要从约 1 万年前说起了。那时生活在地中海东部沿岸地区的人类开始种植谷类作物，并储存余粮。人类发现鼠类会到谷仓偷吃粮食。为了阻止这些“小偷”，人类开始驯养它们的天敌，也就是猫。

最终在公元前 2000 年左右，猫完全被驯化，作为颇受人们喜爱的宠物，开始生活在古埃及人的家庭中。

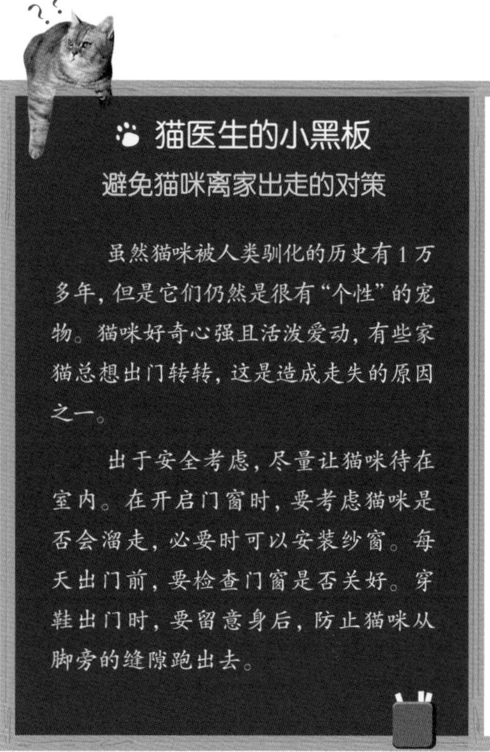

猫医生的小黑板

避免猫咪离家出走的对策

虽然猫咪被人类驯化的历史有 1 万多年，但是它们仍然是很有“个性”的宠物。猫咪好奇心强且活泼爱动，有些家猫总想出门转转，这是造成走失的原因之一。

出于安全考虑，尽量让猫咪待在室内。在开启门窗时，要考虑猫咪是否会溜走，必要时可以安装纱窗。每天出门前，要检查门窗是否关好。穿鞋出门时，要留意身后，防止猫咪从脚旁的缝隙跑出去。

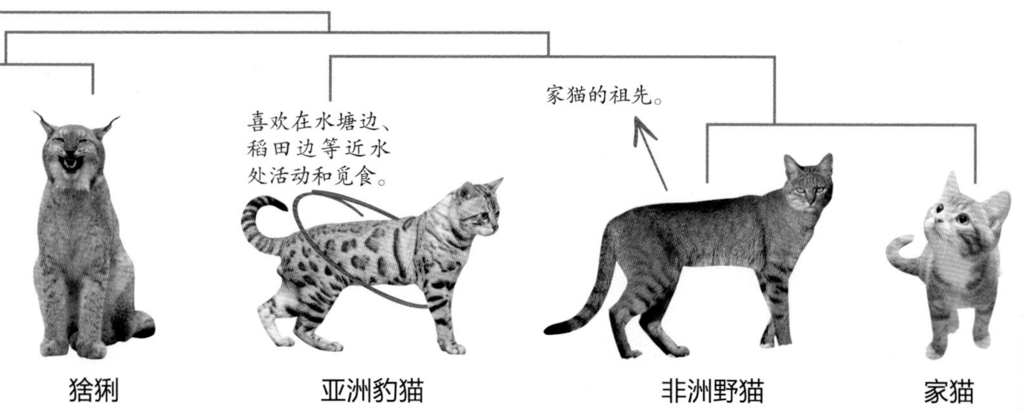

猫咪的生理构造

人们常常惊叹猫咪的弹跳能力、变化莫测的眼神和敏锐的听觉，其实这些都与它们特殊的生理结构有关。

眼睛

猫的眼睛拥有的视杆细胞数量是人类的 6~8 倍，所以夜视能力非常强。它们可以放大瞳孔，允许光线最大限度地进入眼睛，并触发视杆细胞发出信号。

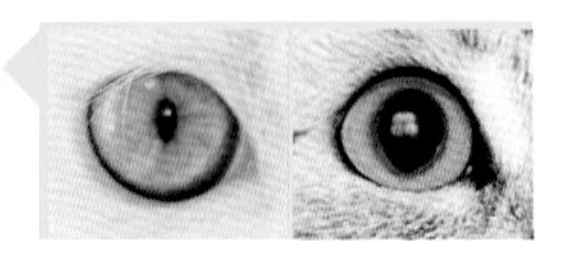

耳朵

猫的耳朵能独立转动来确定声音来源，而且能听见的声音频率范围比人类要广很多，能够探知啮齿类动物高频率的吱吱声、电流声，所以猫对环境中的噪声很敏感，突然的巨响会让猫咪烦躁或害怕。

身体

猫的骨骼进化得极具爆发力和灵活性，狭长的胸廓能够在突然加速时保护心脏和肺；肩胛骨不与其他骨骼相连接，靠肌肉和韧带固定，这使得猫咪在奔跑中脚能伸得很长，非常适合捕猎。

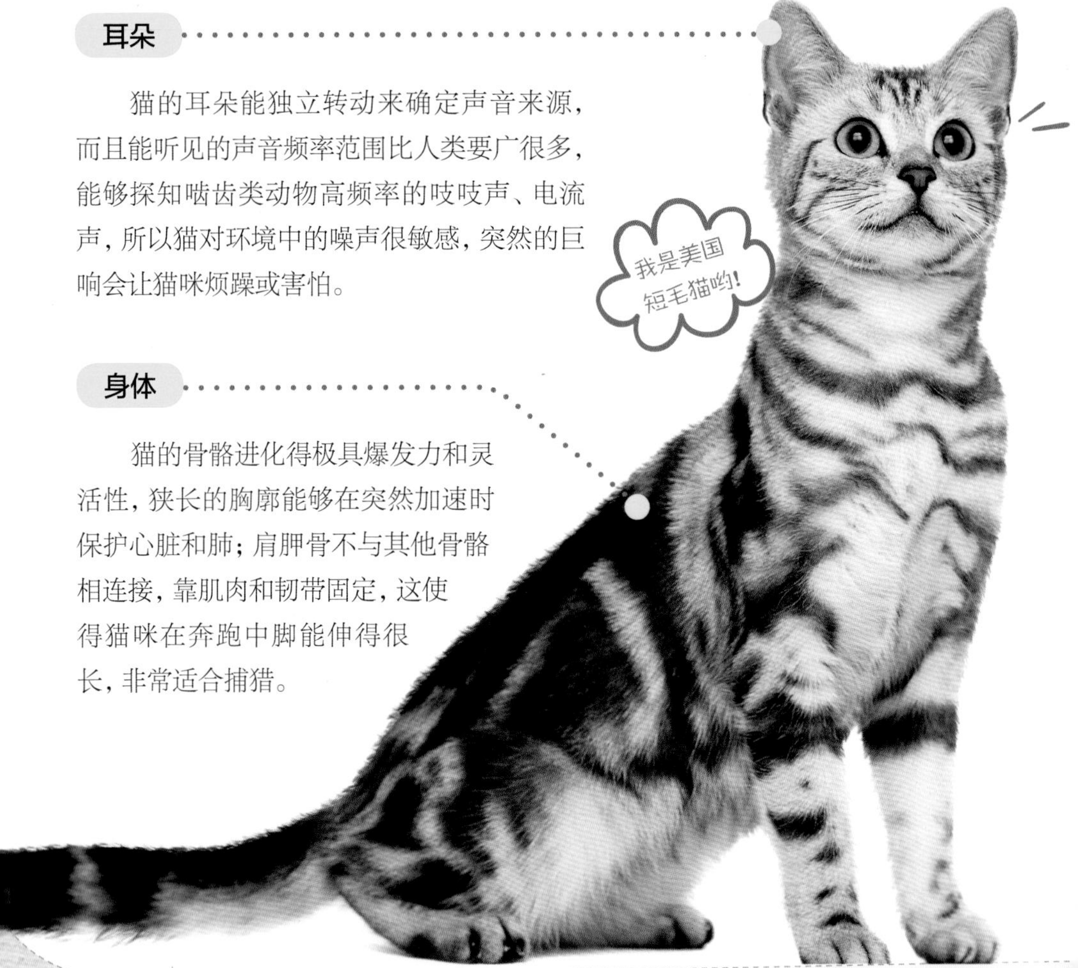

皮肤

猫的口部、尾巴和爪子周围分布着气味腺体，因此，它们通过摩擦物体表面，用气味来标记自己的活动领域。所以猫咪爱在家里乱抓，是正常行为。

肠道

作为肉食动物，猫的肠道较短，这样有利于消化肉食。经过进化，家猫的肠道比野猫稍长。

爪子

猫是趾行类动物，脚趾上的趾甲可自由弯曲和伸缩。一般它们只在攻击时才会伸出爪子。这一点，你给猫咪剪趾甲时，就能直接感受到啦。

猫医生的小黑板　猫咪耳朵小知识

猫咪的耳朵拥有32块肌肉，而人类的耳朵只有6块肌肉。猫咪的耳朵分为外耳、中耳和内耳，但无论是识别声音的敏锐度，还是保持平衡的能力，猫咪都比人类强得多（极少出现猫咪因晕车、晕船而发生呕吐的情况，另外耳聋通常不会影响猫咪的平衡能力）。猫耳朵可以180°旋转，来捕捉一些微小的声音。

猫咪成长日历

猫咪的成长历程大致可分为幼年期、成年期和老年期。幼年期的猫咪缺乏独立能力，需要细致的照料，此时也是培养习惯的最佳时期，有利于成年后行为稳定。老年期的猫咪，身体机能退化，需要更多的医疗护理。

幼猫的生理和行为

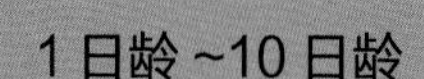

1日龄~10日龄	10日龄~1月龄	1月龄~2月龄
不能完全站起来或睁开眼睛，此时的小猫非常脆弱，只能依靠母亲或看护者照顾。	能够睁开眼睛，开始对周围的环境表现出兴趣。 2周的时候，能辨别声音的方向。 3周的时候，能对视觉刺激做出反应，并出现前进、追逐、跳跃、攀爬等游戏行为。 4周的时候，能与周围的人和物互动。	开始发育并表现出典型的成年行为，比如对捕猎感兴趣，积极地玩游戏，梳理自己，牙齿也开始冒出来。 大约在1个月的时候，幼猫会开始吃固体食物，不过直到2个月大时才会断奶。

猫咪随着年龄增长，身体会有所变化。当猫咪生病时，主人如果清楚地知道它的年龄，将有助于宠物医生做出判断并进行相应的治疗。

估测猫咪年龄的方法

1. 出牙时间可用于区分成年猫和幼猫，用于生长期幼猫的年龄估测。
2. 行为变化有助于预测和证实年龄，特别是 1 岁以下的猫。
3. 生长板闭合时间可以辅助估测或证实 2 岁左右猫的实际年龄。
4. 皮肤变化，趾甲肥厚常见于 10 岁及以上的猫；面部及体表毛发变白，通常开始于 12~14 岁。

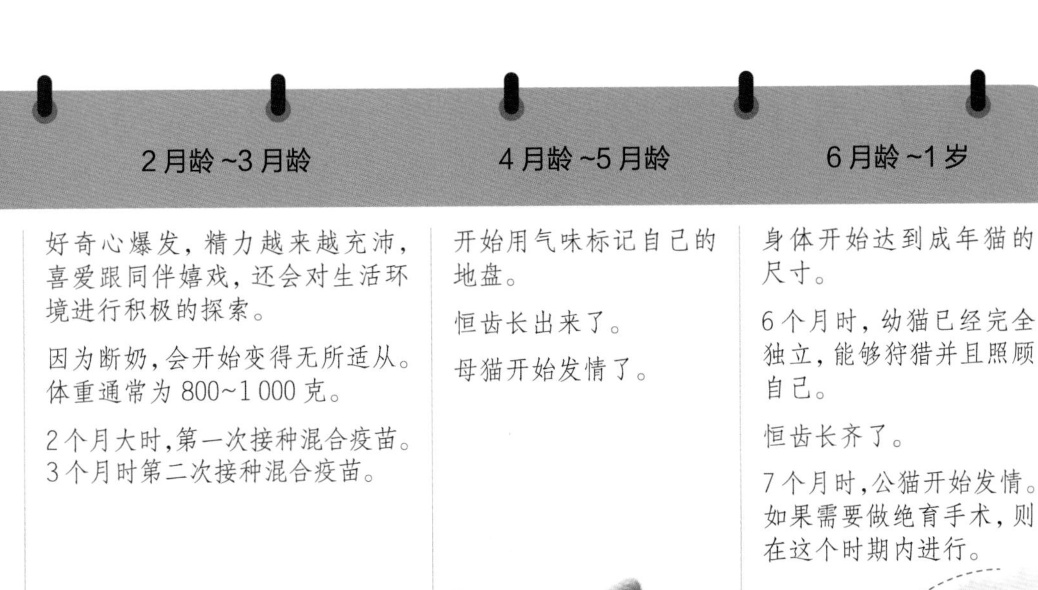

2 月龄 ~3 月龄

好奇心爆发，精力越来越充沛，喜爱跟同伴嬉戏，还会对生活环境进行积极的探索。

因为断奶，会开始变得无所适从。体重通常为 800~1 000 克。

2 个月大时，第一次接种混合疫苗。3 个月时第二次接种混合疫苗。

4 月龄 ~5 月龄

开始用气味标记自己的地盘。

恒齿长出来了。

母猫开始发情了。

6 月龄 ~1 岁

身体开始达到成年猫的尺寸。

6 个月时，幼猫已经完全独立，能够狩猎并且照顾自己。

恒齿长齐了。

7 个月时，公猫开始发情。如果需要做绝育手术，则在这个时期内进行。

关爱老年猫咪

猫咪在出生后 1 年内生长迅速，相当于人在 17 岁之前的生长发育，此后生长缓慢。一般来说，10 岁左右的猫咪就已经处于老年期。猫在成熟期、老年期及衰老期应比其在幼年期接受更多的检查，在日常生活中，猫主人也应多注意以下几点。

1 **每个月剪一次趾甲。**到了 15 岁左右，猫爪子的伸缩能力会减弱，爪子基本都是显露在外面，磨爪子的次数也会减少。猫主人应定期为猫咪修剪趾甲。

2 **更加仔细勤快地梳理毛发。**老年猫的梳毛能力不如年轻的猫咪，身体也不够柔软，此时它需要猫主人的帮忙。

3 **改用高营养、易消化的老年猫咪专用猫粮。**老年猫的消化能力明显减弱，除了改换猫粮，最好从幼猫时期就让猫咪养成定时、定量进食的习惯。

4 **餐具、水碗的位置以及厕所的入口等都设置的比之前低。**老年猫常常不太爱动，因为大多患有关节炎等关节疾病，连走路都可能伴有疼痛。

5 **减少搬家、在家接待外人的次数。**老年猫由于病痛且视力、听力下降，容易变得更有攻击性，所以尽量减少外界环境对猫咪的刺激。

6 **及时进行安慰、零食鼓励和脱敏治疗。**老年猫格外敏感，当发现它感到压力时，要及时安抚情绪，严重时要进行脱敏治疗。

猫医生的小黑板

猫咪与人类年龄对照表

猫咪	人类
出生后 1 周	1 个月
出生后 2 周	6 个月
1 个月	1 岁
3 个月	5 岁
6 个月	10 岁
1 岁	17 岁
2 岁	23 岁
3 岁	28 岁
5 岁	36 岁
7 岁	44 岁
10 岁	56 岁
15 岁	75 岁
20 岁以上	100 岁

如何延长猫咪的寿命?

猫咪的平均寿命通常在 15 年左右，换算成人类的年龄就是约 75 岁，相对于人类来说，猫咪的一生是很短暂的。所以，正在养猫或者准备养猫的“铲屎官”们，有了猫咪之后，一定要尽心尽力呵护它们，因为在它们眼里，你就是相伴一生的亲人。

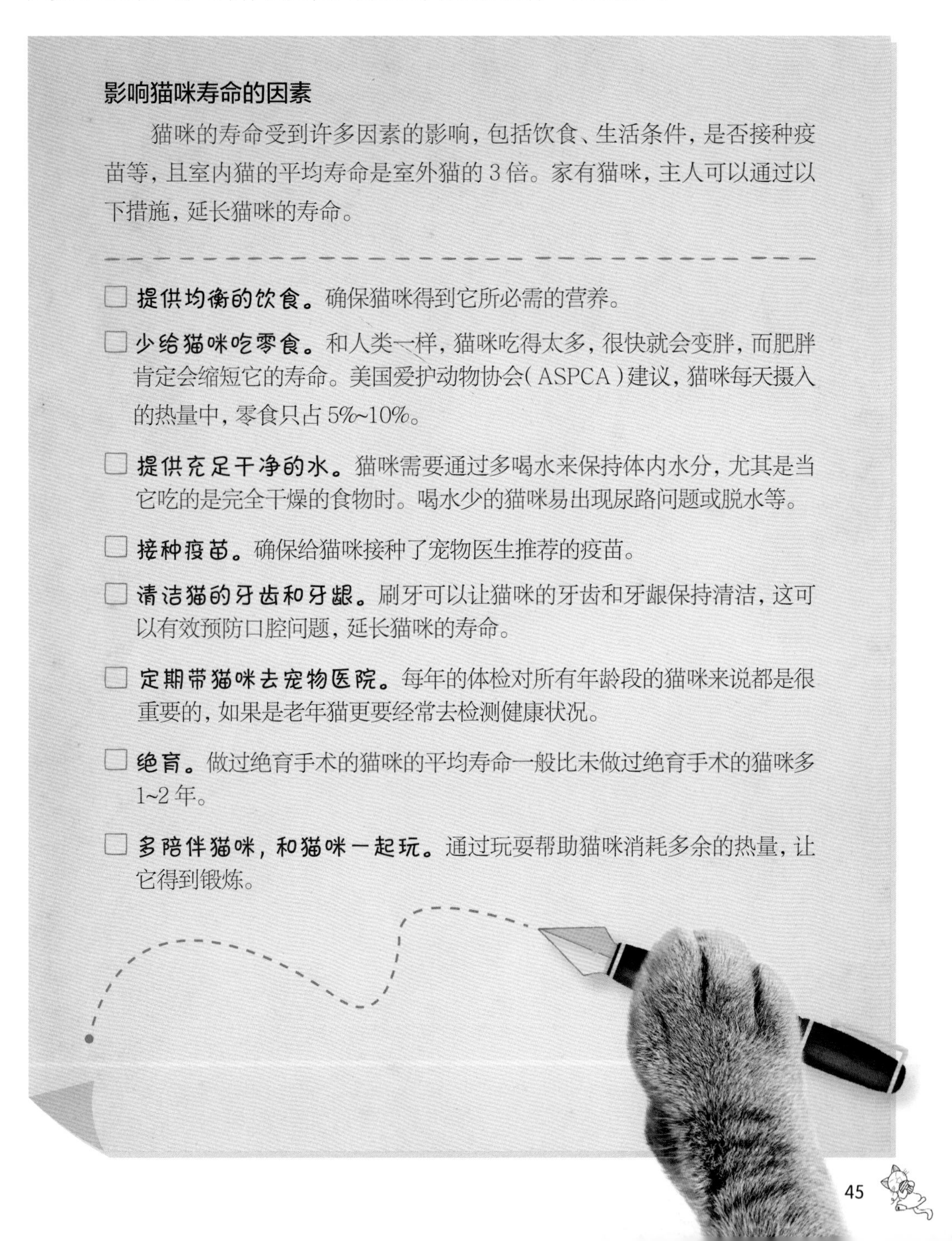

影响猫咪寿命的因素

猫咪的寿命受到许多因素的影响，包括饮食、生活条件，是否接种疫苗等，且室内猫的平均寿命是室外猫的 3 倍。家有猫咪，主人可以通过以下措施，延长猫咪的寿命。

- [ ] **提供均衡的饮食。**确保猫咪得到它所必需的营养。
- [ ] **少给猫咪吃零食。**和人类一样，猫咪吃得太多，很快就会变胖，而肥胖肯定会缩短它的寿命。美国爱护动物协会(ASPCA)建议，猫咪每天摄入的热量中，零食只占 5%~10%。
- [ ] **提供充足干净的水。**猫咪需要通过多喝水来保持体内水分，尤其是当它吃的是完全干燥的食物时。喝水少的猫咪易出现尿路问题或脱水等。
- [ ] **接种疫苗。**确保给猫咪接种了宠物医生推荐的疫苗。
- [ ] **清洁猫的牙齿和牙龈。**刷牙可以让猫咪的牙齿和牙龈保持清洁，这可以有效预防口腔问题，延长猫咪的寿命。
- [ ] **定期带猫咪去宠物医院。**每年的体检对所有年龄段的猫咪来说都是很重要的，如果是老年猫更要经常去检测健康状况。
- [ ] **绝育。**做过绝育手术的猫咪的平均寿命一般比未做过绝育手术的猫咪多 1~2 年。
- [ ] **多陪伴猫咪，和猫咪一起玩。**通过玩耍帮助猫咪消耗多余的热量，让它得到锻炼。

适合家养的 10 种高人气猫咪

猫咪种类繁多，主要根据体型和头型，皮毛颜色和纹理，眼睛形状和颜色，习性等特征进行分类。许多人在挑选猫咪的时候会犹豫不决。在综合了价格、性格、生理特征之后，这里给大家推荐 10 种适合家养的高人气猫咪。

英国短毛猫

原产国：英国 

英国短毛猫是世界上最古老的品种之一，有人认为其历史可追溯至古罗马时期的家猫。据说英国短毛猫的外形长久以来几乎没有太大的变化。

特征

有着各种各样的皮毛颜色，如白色、黑色、银色等；圆圆的脸，大大的眼睛和又厚又短的皮毛；短腿，且有强壮的肌肉。

波斯猫

原产国：英国

波斯猫是非常有魅力的猫，也是已知的最古老的纯种猫品种之一，最令人着迷的是它又长又厚又豪华的皮毛，可以长到约 15 厘米。因此，建议猫主人每天花费至少 20 分钟来梳理毛发。

特征

短腿、短脖子和宽阔的胸部；毛茸茸的尾巴，还有一圈鬃毛；有一双看似爱“哭泣”的眼睛。

缅甸猫

原产国：美国

这是缅甸原生猫和美洲短毛猫杂交产生的品种。缅甸猫很喜欢表现自己，如趴在你正在看的书上或者趴在电脑的键盘上，这些都是它们常做的事。

特征

中等身材，身体结实，胸部、头部圆润，眼睛大、略呈斜视；有短而细致的被毛，厚实而光滑，且颜色众多——蓝色、棕色、奶油色、淡紫色和红色等。

暹罗猫

原产国：泰国

暹罗猫起源于泰国，是最早被承认的几个东方短毛猫品种之一，也是最古老、最早受到认可的几个原生品种之一，深受泰国当地人的喜爱。

特征

细长苗条的身体，强有力的后腿和锐利的蓝色眼睛；因为培育的关系，现在的暹罗猫头部呈三角形，眼睛更倾斜，耳朵更大，身体更小，更有运动能力；毛是“尖”的，短而柔滑，且带光泽。

布偶猫

原产国：美国

布偶猫原产自美国加利福尼亚州，是体型和体重较大的一种猫，最近几年很受欢迎。它们放松时像布娃娃一样软绵绵的，所以得名“布偶”。

特征

有丰满的脸颊，椭圆形的大眼睛和短短的脖子，外观非常精致。

伯曼猫

伯曼猫因其温和友好的性格、黏人的特性，深受人们的欢迎。它最初被称为缅甸圣猫，在古代缅甸的寺庙中长大。之后被带到英国，经过几代繁育，最终形成了一个品种，并被引入到各个国家。

特征

一身厚实的被毛，一条华丽的尾巴和一双锐利的蓝色圆眼睛；四肢比身体更黑，因为爪子不是尖的，所以看起来好像是戴着连指手套。

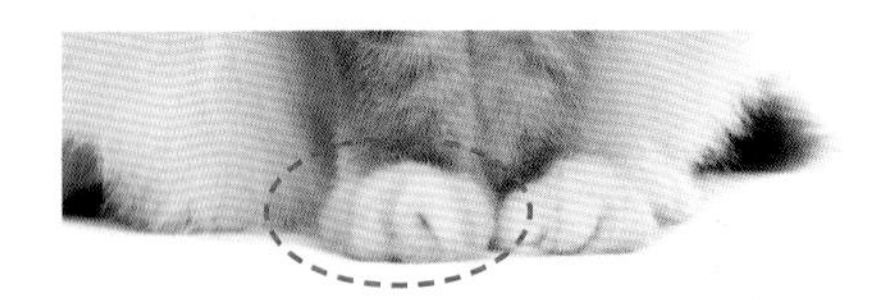

缅因猫

原产国：美国

缅因猫，又称缅因库恩猫，是北美古老的自然形成的长毛猫品种。由于其毛茸茸的大尾巴使得它们看上去很像浣熊，所以也有人叫它们缅因浣熊猫。

特征

又长又厚的皮毛，体型庞大而强壮，脖子有一圈浓密的领毛，有一对大大的、毛茸茸的耳朵；有人将缅因猫的叫声描述为鸟儿的"啾啾"声，相对于它的硕大体型，其叫声惊奇地柔弱。

挪威森林猫

原产国：挪威

挪威森林猫，看名字就知道是在挪威森林里面栖息、生存的一种猫咪，常出现在北欧的神话传说和童话故事中。

特征

体型又大又壮，后腿特别有力（而且很长），看上去非常优雅；有着三角形的头和大大的眼睛。

土耳其梵猫

原产国：土耳其／英国

17 世纪起源于土耳其的梵湖地区，是自然品种猫，严格说是安哥拉猫的一个品系。1955 年被两名游客带回英国，并于 1969 年被认定为独立品种。与其他猫不同的是，该品种的猫尤其喜欢嬉水，甚至会到浅水中去游泳。

特征

体型结实，毛发长而光滑，毛发不像其他品种那样丰富，但皮毛斑纹非常独特，底色是白色，耳朵和尾巴上及周围都有彩色斑纹。

中国狸花猫

原产国：中国

目前，中国狸花猫是中华田园猫类中唯一被世界认可的中国本土自然品种。其分布范围广，捕鼠能力强，活泼好动，平衡能力好，聪明灵敏，身体结实，匀称，因其漂亮的皮毛，近年来受到越来越多人的喜爱。

特征

体格健壮，皮毛有美丽的斑纹；眼睛是明亮的黄色；嘴角有黑色斑点，下颌比上颌稍短；四肢直而健壮，尾部有环状花纹和黑色尾尖。

选择适合你的伴侣

品种	对新手的适合度	对单身的适合度	对家养的适合度	皮毛保养的需求度	性格
英国短毛猫	★★★	★★★	★★★	★	独立，很少有什么要求，但如果有人拥抱它们，会很开心地接受。
波斯猫	★★	★	★★★	★★	从容和冷静，喜欢打盹儿。波斯猫是全职工作者的理想选择。
缅甸猫	★	★★★	★★	★	爱叫但声音不大，十分自信，对主人忠诚，喜欢玩捡拾游戏，所以经常被称为“猫狗”。
暹罗猫	★	★★★	★★★	★	通常非常亲近人类，喜欢被关注，并且十分聪明。
布偶猫	★★	★★★	★★	★★	安静而充满深情，不像一些健壮的野猫那样对捕猎感兴趣。
伯曼猫	★★	★★	★★★	★★	顽皮、友好、聪明且随和，很会撒娇。
缅因猫	★★	★★★	★	★★	喜欢户外运动，不怕冷和潮湿。性情温和，喜欢花时间和主人在一起。
挪威森林猫	★★	★★	★	★★	为攀爬而生，喜欢爬树。想养这个品种的猫，家里一定要准备猫爬架等玩具。
土耳其梵猫	★★★	★★★	★★	★★	尤其喜欢嬉水，喜欢在水龙头边玩水。
中国狸花猫	★★★	★★★	★★★	★	性格独立，爱好运动，爱捕鼠，对猫主人十分忠心。

选择猫咪的要点

纯种猫还是混血猫？公猫还是母猫？幼猫还是成年猫……考虑好诸多因素，了解各种情况后，就能做决定啦。如果还是犹豫不决，可向当地口碑好的宠物商店咨询。

纯种猫 VS 混血猫

如果想养一只纯种猫，一定要做足功课，了解这个品种猫咪的需求和特性。如果你不确定选择哪个品种，要多考虑体型大小、被毛类型、品种相关遗传疾病和性格。猫咪的体型大小因品种不同而差异明显，体重从 5 千克到 9 千克不等。猫咪的性格也因品种而异，像暹罗猫和奥西猫一类的东方猫生性活泼；而体型粗壮的品种，如英国短毛猫和波斯猫通常安静而慵懒。

纯种猫一般都是由近亲交配而来，常患有先天性遗传疾病。纯种猫拥有独特的外表特征和性格，因此很容易预测将来的外表和性格。

杂交繁殖出的混血猫，它们的血统并不纯粹，但是适应力极佳，寿命普遍高于纯种猫。因繁殖不受任何限制，所以外表特征和性格无法预测。

公猫 VS 母猫

公猫和母猫，受欢迎程度是差不多的，各自喜欢就好。但猫医生个人更倾向于母猫，原因如下。

猫在野外时，以捕猎肉食为主，新鲜食物含有更多水分。家庭饲养之后（吃干粮，环境相对局限），会造成猫咪摄水量大幅下降（因为以前是从肉食中获取更多的水分，而干粮水分很少）或者出现应激反应。而应激容易诱发猫咪自发性膀胱炎，也就是频尿、少尿，而饮水是治疗自发性膀胱炎的关键。

很多人一定会感到很奇怪，这和选择公猫或母猫有什么关系？因为当自发性膀胱炎发作的时候，公猫因为尿道狭窄加上饮水量不够，往往会发展成尿道阻塞，这种情况就要去导尿，甚至在病情刚出现的时候，就要带猫咪去输液。而对于没有尿道阻塞风险的母猫来说，只要采取减少应激疗法并多给予湿粮，自发性膀胱炎一般 7~10 天就能自行康复。所以，养母猫省心得多。

母猫五官更娇小可爱，情感丰富，是很有趣的饲养对象。发情时喜欢嚎叫，绝育手术的难度较大，恢复期比较长，需要多花时间照顾。

公猫五官更加舒展，看起来更英俊，比较调皮，爱捣蛋。发情时喜欢在房间撒尿，绝育手术的难度较低，恢复时间一般只需 7 天。

幼猫 VS 成年猫

幼猫更适合年轻人饲养。因为在出生后 2~3 周的时候，幼猫会出现追逐、攀爬、跳跃等游戏行为，且幼猫社会化的过程中，也需要和主人互动或者其他猫咪的陪伴。另外，由于幼猫缺乏独立能力，需要更细致的照料，并且需要更多的医疗护理，显然不适合老年人或体弱者饲养。

饲养成年猫一般主要考虑行为因素。第一，猫咪是否能适应更换猫粮，建议向前主人询问它的饮食喜好，如果贸然更换猫粮，猫咪可能会拒绝进食。第二，新主人是否能接受成年猫固有的行为倾向，常见的有尿液标记行为、排泄行为和攻击行为等。

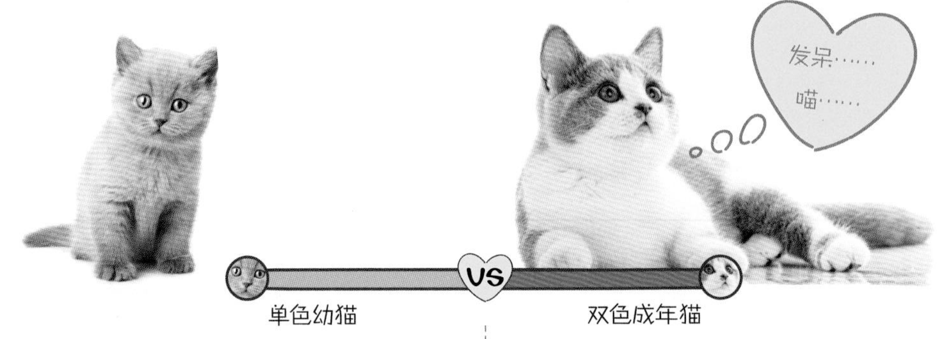

单色幼猫

从小养起，更容易培养感情、取得信任。猫主人需要有能力满足幼猫的活动需求，且相较于成猫，幼猫比较活泼，需要更多的生理和医疗护理。

双色成年猫

成年猫的行为习惯早就已经形成了，新主人需要较长的时间去跟猫咪培养感情。但只要主人耐心引导，成年猫也能逐渐适应新的生活。

长毛猫 VS 短毛猫

长毛猫需要猫主人每天梳理它的皮毛，而短毛猫则不需要频繁梳理皮毛。

缅因猫（长毛猫）

长毛猫性情温顺，容易相处，攻击性较弱，十分黏人。麻烦的是需要每天梳理它的被毛，不然容易打结缠绕。

英国短毛猫

短毛猫比较活泼好动，调皮一些，虽然也掉毛，但比长毛猫还是好很多，毛发不容易打结，梳理频次也会少一些。

一只猫 VS 多只猫

如果你想养多只猫，或者想为家中已有的猫咪添加新伙伴，那么要考虑清楚以下几个问题。

第一，花时间评估下自己的预算，包括购买猫粮、猫砂和玩具的钱。第二，现有空间要能放下多份的猫砂盆、食盆、水碗甚至猫爬架，还要评估对现有的生活产生什么样的影响。第三，也是最重要的，就是你的猫对新室友的反应。如果家中的猫咪年纪大了，领地意识太强或者不擅长社交，它可能不会因为有了新伙伴而兴奋，而且很大概率会因此而生病。如果你的猫咪更年轻、更友好、更悠闲，你可以考虑再养一只。

适合资金、精力有限的养猫新手，特别是涉及财务问题的时候，不止要考虑日常开销，还要考虑到带猫咪看宠物医生的开销，将会是一笔不小的费用。

有足够的资金、精力，且居住空间宽敞。还要考虑猫咪之间的相处，为了避免它们打架，要在了解猫咪的性格之后再做决定，选择性格相投的猫咪一起饲养。

从哪里得到猫咪？

想要拥有一只猫，一般来说有几种途径：从纯种猫繁育者处购买，领养和路上被“碰瓷”。另外，网上购买也越来越常见，但不少商家为了盈利而贩卖“后院猫”，给购买者带来了不少麻烦。

纯种猫繁育者：能提供血统证明

经营猫舍的大多是纯种猫繁育者，而纯种猫繁育者又分为：高度参与的繁殖者和业余繁育者。

高度参与的繁育者通常有较大型的猫舍设施。一般而言，他们会高度投资猫舍内的某个或某几个品种，带猫咪去参加各种比赛从而获得头衔。

业余繁育者通常是因为各种原因开始繁殖猫咪，一般规模较小，但他们也会重视繁育群体的品种和质量，但不会去参加品种比赛。

除非买家高价购买可繁育的猫，否则纯种猫繁育者是给猫咪做过绝育手术后才会交给买家的。

纯种猫繁育者能提供猫咪的血统证书。倒不是说证书有多么权威，但至少能保证卖家是用心的。

一定要要求猫舍主人提供相关证书哟！

猫医生的小黑板

什么是“后院猫”？

“后院猫”这个称呼主要是针对品种猫而言的，通常指那些笼养、不绝育出售、胡乱交配繁殖、无证书的猫。“后院猫”通常存在的问题有：

①品质差（毛量、骨量、皮相），被毛杂乱、脏；

②母猫大多营养不良，连带着生出的小猫体质也很弱；

③因不打常规疫苗就出售，易患传染病，死亡率极高；

④基本上都有耳螨、猫癣、腹泻等小毛病；

⑤“后院猫”之所以讨厌，不仅是因为售卖时照片与实物严重不符，而且卖家对猫咪极其不负责，伤害了大众对美好生命的期待。

领养：带回家先观察一周

新领养回来的猫咪，如果是幼猫，先在家里观察 7~10 天，这期间猫咪的精神、食欲、大小便都正常，就可以准备打疫苗了。建议先打四针，就是打三针猫三联和一针狂犬疫苗。每一针的间隔为 21 天，其中狂犬疫苗要猫咪满 4 月龄才能打。

如果是成年猫，则应先给猫咪检测抗体（费用在 250 元左右），如果有抗体，则不需要注射疫苗；如果无抗体，则需观察 7~10 天再注射疫苗。当然有些猫主人不想支付抗体检测的费用而直接注射疫苗。建议向前主人了解猫咪的免疫情况，再做决定。

路上被“碰瓷”：先带去宠物医院检查

如果你是被温柔“碰瓷”，首先要做的是带猫咪去宠物医院检查健康状况，确保没问题后，便可以带回家观察约 10 天。如果猫咪的精神、食欲、大小便正常且超过 2 月龄，猫主人就可以带它去打疫苗了（疫苗注射程序请参照幼猫的标准）。

如果期间被猫咪误伤，主人要及时去打疫苗。在决定带猫咪回家之前，做好猫咪会出现强烈应激的心理准备，并尽可能地采取措施缓解猫咪的不安，如努力营造让猫咪舒适的氛围。

网络购买：优先选择同城卖家

现在很多宠物店都会在网上售卖猫咪，虽然网络购物也非常方便，但是在网上购买猫咪有一定的风险，因为无法了解猫咪实际的生活环境。另外，如果距离较远，不是同一城市，在运输过程中，猫咪也会很难受，所以建议选择同一城市的卖家。购买之前最好亲自去看一看猫咪，了解猫咪的饲养环境，再决定是否购买。

天生的“美瞳”哟！

是活泼的三花猫

3
带猫咪回家

迎接新成员，你准备好了吗？

刚刚接猫咪回家时，许多人会非常兴奋激动，一冲动什么都买。其实，猫咪的必需品不是特别多，很多东西可以等猫咪适应了之后再慢慢添置。

猫咪的必需品

猫包、猫笼

猫包或猫笼提前买好。大多数主人家都不是很大，用猫包带猫咪回家，放在三层猫笼里，可避免它害怕或乱窜。等猫咪适应了，再散养。如果有单独房间放猫，就不需要猫笼。

猫窝

猫咪喜欢拥有自己的专属领地，尤其是不易被触及的地方。可以在较高处放一个圆形或椭圆形、容易清洗且不太大的软边床，最好能固定住。

猫砂

大致分为膨润土、豆腐砂、水晶砂、纸猫砂和松木猫砂等。猫咪偏好膨润土，越细软越好，可以多试几种猫砂，看猫咪喜欢哪一种。

猫砂盆

猫砂盆有敞开型、封闭型、全自动智能型等，价格在几十到上千元不等。无论选择什么样的猫砂盆，切记及时清理打扫，每天至少早晚各清理一次。

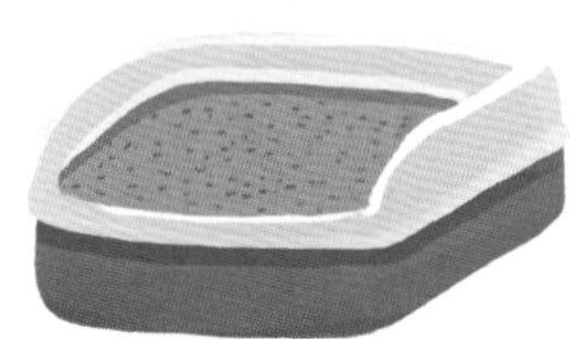

食盆、水碗

食盆和水碗建议选择不锈钢或者陶瓷的，碗口浅且宽的，以免碰到猫咪的胡须，让它感到不舒服。每天至少清洗餐具一次。

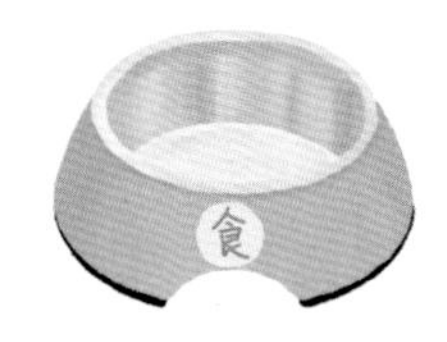

猫抓板

猫咪喜欢抓挠，除了磨爪子外，抓挠也是标记领地的方式。猫抓板或者猫抓柱不用多么昂贵，一般在50元以内。多准备几种不同的，放在家中显眼的地方。

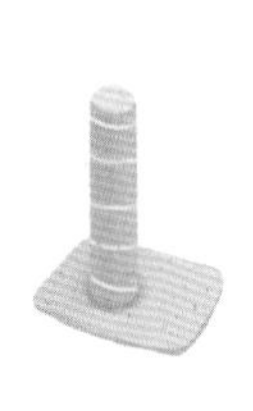

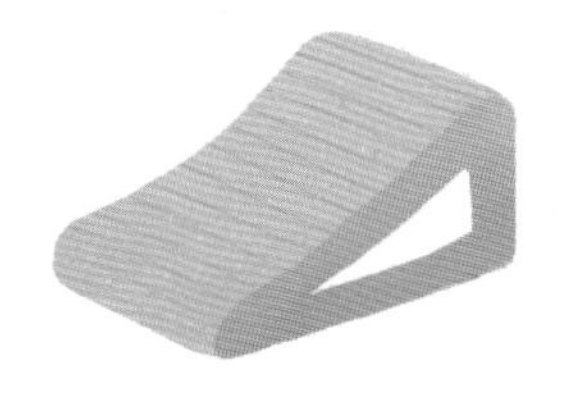

玩具

玩具的种类要丰富，防止猫咪喜新厌旧，不一定要多贵，有时候皱巴巴的纸球或者纸箱比精心挑选的玩具更受猫咪喜爱。

新奇产品：可买可不买

网红太空猫包

近年来的热度很高，还出现了全透明款式。空间小、闷热，猫咪没安全感，不建议购买。

智能猫窝

猫咪不一定喜欢，且存在安全隐患。想要让猫咪夏天不热，还是冰垫和空调更靠谱。

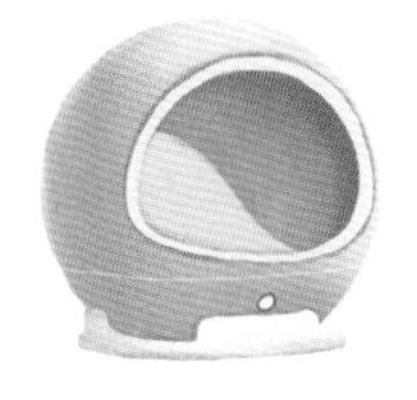

自动循环饮水机

猫咪喜欢新奇的东西。自动循环饮水机既能满足猫咪饮水的需求，又是不错的玩具。

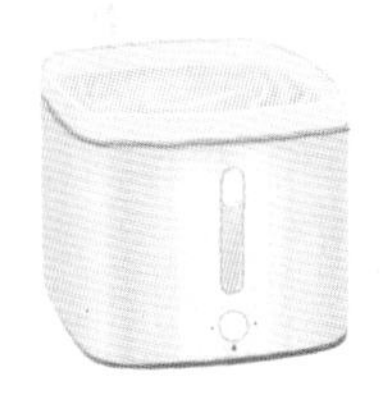

斜口食盆

比起传统食盆，斜口的设计能避免弄脏猫咪的下巴，对护理下巴有帮助。

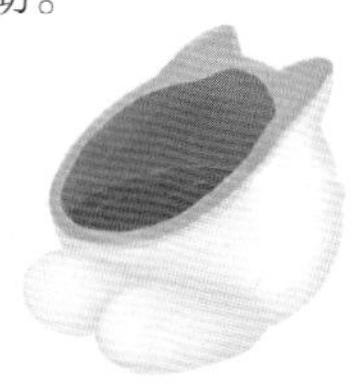

智能喂食器

个人不建议购买，投喂是主人与猫咪的互动。如果连喂食都省了，还养猫做什么？

智能猫厕所

猫咪排泄完后，会自动清理干净，但价格昂贵。

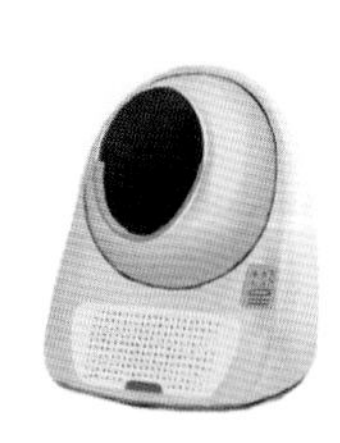

打造安全舒适的居住环境

猫咪天生的好奇心驱使它们对各种各样的东西“下手”，而骄傲的它们绝不会因为主人的训斥而乖乖听话。为了保障猫咪的安全，在家居方面要做些改变。

清除潜在的危险

猫咪生来就是个“好奇宝宝”，加上身体轻盈灵活这一先天优势，只要它感兴趣的东西，都要探究一下。为了防止猫咪受伤以及发生意外，要注意这些潜在危险。

客厅

装饰性植物。许多常见的植物，如水仙花、康乃馨等，猫咪误食都可能导致中毒。

电线、插座。出门前记得拔掉插头，并把电线藏在地毯下面。或者用胶带把电线粘牢在电器的一边，并缠绕上电线保护套，避免猫咪咬电线。

厨房

燃气灶台。可以给燃气灶盖上盖子，并且不要放任何东西（比如热水和饭菜）。

电饭煲、热水瓶。尽可能放在猫咪碰不到的地方，防止猫咪蹦跳的时候碰翻或被烫伤。

垃圾桶。使用带盖子的垃圾桶，防止猫咪误食垃圾或异物。

卧室

窗帘。选择光滑的窗帘，以防卡住猫爪子。

家具空隙。主人常常会在家具下面放一些蟑螂药，或者在橱柜里面放一些樟脑丸，这些东西如果被猫咪吃下去，后果将很严重。不用的抽屉及时关闭，家具间狭小的空间经常打扫，避免杂物堆积。

浴室

水池、浴缸、洗衣机。不用时，里面不要存水，猫咪可能会因为想喝水而跳进去，造成溺水。洗衣服之前要检查下，避免猫咪藏在洗衣机里。

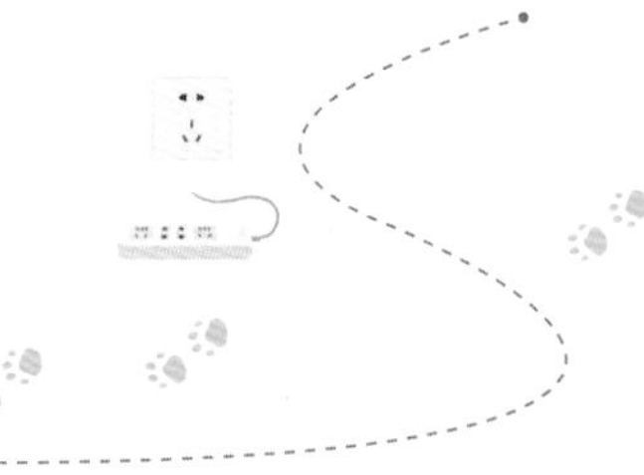

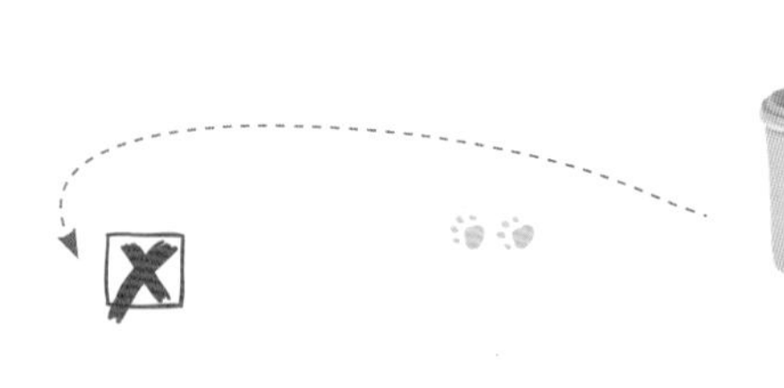

布置猫咪的理想之家

想要打造一个猫咪喜欢的生活环境，这要将猫窝、猫砂盆、食碗等摆放在正确的位置，这样会让猫咪有更好的体验，从而提高幸福感，还能大大增加猫咪的活动量，减少焦虑情绪，有效预防许多行为问题。

猫窝

首先，选一个不热不冷的地方。其次，猫咪对周围环境比较敏感，家中稍微有一点风吹草动，它们就会找一个地方躲起来。推荐将猫窝放在沙发旁处等安静隐蔽地方。

猫爬架

如果家里空间比较小，可以买带有猫窝的猫爬架，这样既能给猫咪提供玩耍的空间，又能提供睡觉休息的地方。

猫砂盆

猫砂盆的数量要大于猫咪的数量。猫砂盆最好放在安静通风、隐蔽、人少走动的地方，比如阳台角落或者是玄关的尽头，让猫咪在排泄的时候能比较放松。

食盆、水碗

如果家里只有一只猫咪，摆放原则和猫窝一样。如果有多只猫，要有多个喂饲点。虽然猫咪间关系融洽，会一起吃饭，但并不代表它们乐于这样做，只是食物的诱惑力更大而已。

可抓挠的工具，如猫抓板、猫抓柱

让猫咪在窗户旁边、睡觉的地方或者它喜欢的地方能够找到可抓挠的工具。还可以将零食和玩具放在猫抓板、猫抓柱上或附近，适当对猫咪进行引导。

初来乍到，如何适应新环境？

作为养猫新手，你会对家庭新成员的到来充满期待。但是对猫咪来说，其实是离开了自己熟悉的环境，被带到了另一个世界。

建立安全感

如果你是通过纯种猫繁育者或领养机构找到了心仪的猫咪，尽量白天早点去接猫咪。一定要提前买好猫包，带猫咪回家时需要用到。

接回家后，不要着急带猫咪熟悉家庭环境，一路舟车劳顿，猫咪最需要的是安静休息，先让它自己冷静一会儿。如果家里有单独的房间放新来的猫，当然最好。如果家里空间不是很大，建议把猫放在三层的猫笼里面，这一点前面讲过了。总之，猫主人有义务帮猫咪建立安全感，度过来新家的最初几小时。

入住第一天：不惊扰

休息

入住新家的第一天，有些猫咪可能会因为疲惫而趴着不动，这个时候，不要去挪动、惊扰它，默默守候，直到猫咪适应新环境。

晚上可以让猫咪在自己的窝里休息。如果猫咪晚上“喵喵”叫，可能是因为不适应新环境，可以轻轻抱起它，给予安抚。

排泄

如果猫咪表现得有些慌张，可能是想上厕所了。把猫砂盆放在它的附近，它会知道怎么做。不要近距离盯着它，那样猫咪会不自在。

自主探索

猫咪在陌生的环境中还是十分警惕的，所以不要总是抱着它四处走动，在确保安全的情况下，可以将房间门打开，让猫咪自由探索。

喂食

将猫粮放在食盆里，再将食盆放在猫咪可以触及的安全地方，不要用手喂食，猫咪进食时注意观察它的动向。

适应期：避免应激反应

由于猫咪的性格、所处的环境等不同，适应新环境的时间也会不同，有可能是一星期，也有可能是一个月或更长时间。由于大部分人养的都是幼猫，而幼猫因为年龄小，更容易对陌生环境感到恐惧，巨响等刺激更容易使猫咪变得焦躁和凶狠，更容易出现强烈的应激反应。这就需要主人正确认识，及时引导。

什么是应激反应

应激反应即对刺激产生反应，是“可预测性和可控度受到损害的状态”。简单来说，应激就是焦虑、恐惧引起的一系列身心不适。人类和动物的寿命缩短都与过度的应激反应相关，这也是导致猫咪患病甚至死亡的一大原因。

应激对猫咪身体、心理和社交的影响

身体	泌尿系统	患自发性膀胱炎的风险增加，易引发并发症。
	消化系统	间歇性腹泻、呕吐，食欲减退，饮水量下降，24 小时内不愿排泄或乱尿、乱便。
	生殖系统	有应激反应的母猫垂体和卵巢功能受到扰乱，生下的幼猫体重低、增重慢，严重者甚至会引起流产。
	免疫系统	患传染性腹膜炎的可能性增加，也会增加上呼吸道感染的患病几率。
	皮肤	重复性行为，如过度舔毛等。
心理	长期沮丧，如出现抓挠、咬啮或者在猫砂盆外排泄的行为。	
社交	出现“社交恐惧”，如与人的社交出现问题。	

常见的应激源

1 **缺乏安全感。**譬如：离开熟悉的领域；熟悉的气味消散；没有私密的空间。

2 **受到惊吓。**譬如：陌生人到访，胆小的猫咪尤其害怕这种情形；四肢突然被限制；突如其来的声音（鞭炮声、激烈的争吵等）。

3 **不正常的社交。**譬如：猫咪拒绝抚摸时被强行禁锢住；把常年在家的猫咪带出去溜达；带陌生的猫咪来家中互动。

4 **资源争夺。**譬如：家里多了一只猫咪，它们之间会有资源（食物、水、领地）争夺的情况出现。

另外，由于新媒体渗透到日常生活，网络上出现了很多与猫互动的热门视频，很多猫主人忽略了自家猫咪的性格癖好，盲目跟风模仿，会给猫咪造成巨大的精神压力。

应激后的常见反应

自发性膀胱炎

表现	①排尿行为异常，如尿频、尿血，排尿时哭嚎。 ②频繁舔舐生殖器区域，经常去猫砂盆却无尿或仅有少量的尿液排出。
治疗	如果是非阻塞性的，无需采取药物治疗，5~7天内大部分的猫咪症状会自动消退。

过度舔毛

表现	①不停舔舐毛发、啃咬四肢和尾巴，突然大量不规则掉毛，皮肤溃烂。 ②环境突然改变会给猫咪带来压力，它容易感到焦虑。
治疗	带猫咪回家时，连同原来的毛巾或玩具一并带回，放在它经常待的地方，不要强行抚摸猫咪。

如何避免或缓解应激反应

1. **增加可用的空间。** 营造舒适的环境，消除可能会对猫咪造成危险或不安的因素。可以为猫咪单独准备一个空间：一是限制它的行为，二是避免嘈杂混乱的环境对其产生更大的影响。在猫咪喜欢的区域，利用猫薄荷（目前也有喷雾型的猫薄荷）、金银花或缬草根等，让猫咪放松。

2. **帮助猫咪掌握生活窍门。** 建立进食、睡眠、排便的时间、频率及地点的规则，也能有效缓解猫咪的应激反应。

3. **与猫咪进行良好的沟通。** 建立良好的关系，也能帮助它尽快适应新环境。和猫咪的沟通，应该是它来找你，而不是你去找它。

4. **训练猫咪的社交能力。** 猫咪是独居动物，在它适应新环境之前，循序渐进、温柔地介绍新环境给它，帮助它成长为友善的猫咪。

5. **了解猫咪"语言"。** 学习解读猫咪的身体语言、体态语言等。

6. **与猫咪游戏。** 顺应猫咪本能，提供宣泄精力的渠道，释放猫咪的天性，如追逐、打闹、捕捉与咬啮等。

7. **使用信息素。** 信息素能降低猫咪的警觉性，有镇静效果。可以将含信息素的香薰器置于家里最让猫咪紧张的区域，如窗户、旧家具、猫砂盆等处，以缓解猫咪的紧张感。

猫咪通常会用脸部摩擦生活环境中的物体，使用天然信息素进行标记，用于表示友好，以及方便它辨别不具威胁性的物体。

8 提供可使猫咪表现出野外行为的玩具。用移动的小型物体（如绑在绳子上的明亮物体）模仿猎物，给猫咪提供追踪和施展突袭行为的机会。记住要给猫咪定期修剪趾甲，防止在玩耍过程中受伤。需要提醒的是，由于激光笔容易引起猫咪的强迫行为（猫咪看得到但永远抓不住），所以不建议使用。

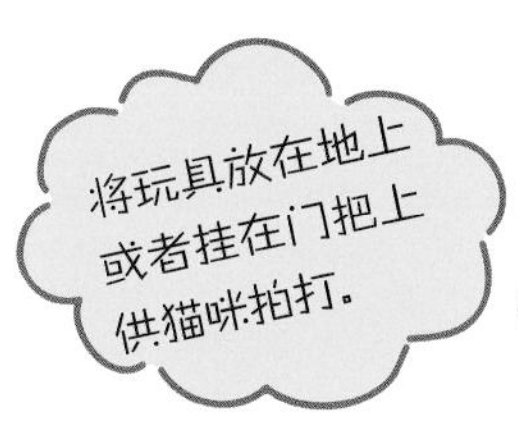

如果家里养了很多只猫咪，应给每只猫咪分配独立的资源。在自己无法看管时，确保受威胁的猫咪能有独立的空间避难，如纸箱，是猫咪紧张恐惧时非常好的藏身之处。

帮助原住猫接受新成员

猫咪将你的家视为它的领地，所以往家中带回另一只猫咪会被视为一种威胁，如此一来，原住猫与新成员很容易因为领地所有权而打架。那么，该如何处理原住猫和新成员的关系呢？

建立“隔离墙”，熟悉环境

将新猫咪带回家时，要把它与原来的猫咪隔开，并确保有能让它藏匿的地方。可以通过一扇关着的门让它们知道彼此的存在，等新猫咪逐渐适应新环境后，让它们闻一闻彼此的味道，用擦拭过新猫咪的毛巾擦拭原住猫，或者抚摸过新猫咪后让原住猫闻一闻你的手。

开放“隔离墙”，双方会晤

给门装上纱网，让它们可以看到或闻到，但打不到对方。如果它们做出粗鲁的行为，如抓挠或猛扑，建议恢复到第一种情况，过几天再接触，反复这个过程直到不再出现过激行为。还可以用玩具来分散它们的注意力，展示它们各自喜欢的玩具。猫主人要指导它们“会晤”，直到双方相处惬意。最初的接触要短暂，一天内可重复数次。

拆除“隔离墙”，和谐相处

当它们变得更亲密的时候，猫主人要注意给予每个猫咪夸赞和奖励，不能偏心。保证原住猫得到应有的关爱，通过给予食物奖励它的良好行为。

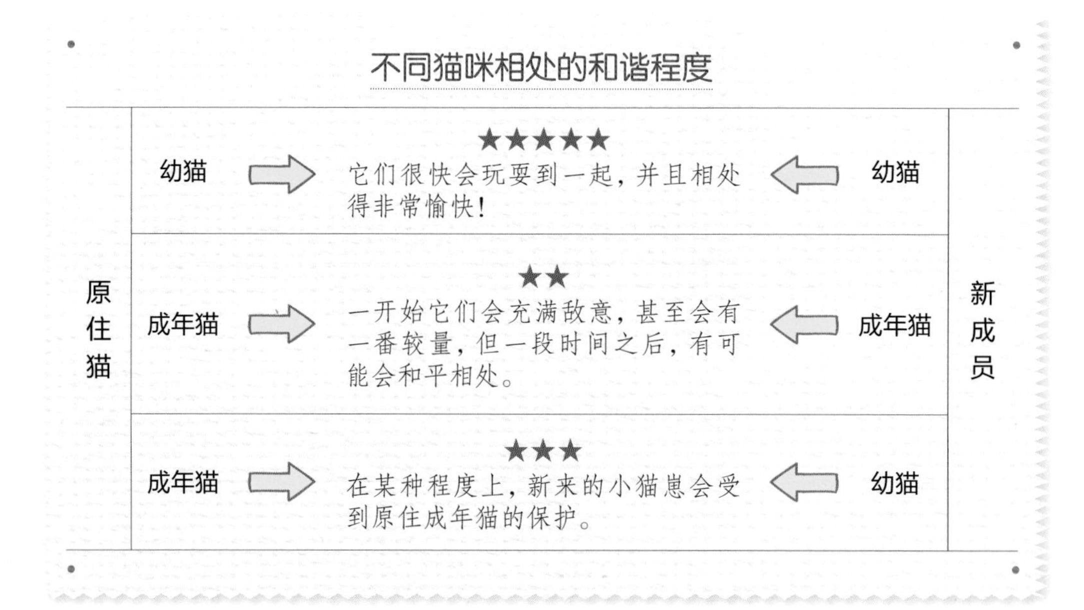

不同猫咪相处的和谐程度

原住猫		新成员
幼猫	★★★★★ 它们很快会玩耍到一起，并且相处得非常愉快！	幼猫
成年猫	★★ 一开始它们会充满敌意，甚至会有一番较量，但一段时间之后，有可能会和平相处。	成年猫
成年猫	★★★ 在某种程度上，新来的小猫崽会受到原住成年猫的保护。	幼猫

猫咪和狗能友好相处吗？

猫咪和狗好像一直是“水火不相容”的关系，如果你有养猫的打算，而家里恰好已经养了一只狗，要关注它们的互动。

刚开始的几天可以先将它们隔开，让它们先熟悉彼此的味道。要给猫咪提供躲避空间，如设立猫爬架，这样猫咪就可以跳上去躲避狗的追击。另外，训练狗尊重猫咪的空间，狗可能见到新朋友会比较兴奋激动，给它一些指令，让它知道适时停止和猫咪玩耍。

能与猫咪相处和谐的狗

喜乐蒂牧羊犬

可卡犬

比格犬

金毛犬、拉布拉多猎犬

让"同居生活"更默契

给予猫咪更多的耐心和理解，努力营造让猫咪无法抗拒的舒适氛围，它对你和陌生环境的恐惧很快会被好奇心代替，你们的关系也将更亲密。

一开始该怎么喂食？

猫咪习惯每日多次进食，"铲屎官"应当规律地分次喂食，这样既能增进猫咪的食欲，又能调控它的食量。一旦帮助猫咪养成了规律的进食习惯，日后就能通过饮食变化来判断猫咪是否食欲不佳或生病。

猫粮包装上的喂食指导不是金科玉律

那只是粗略估计，要注意观察猫咪的外观，以触感为准（能轻松触摸到猫咪的肋骨为宜），相应增加或减少其食量。更精准的方法是找宠物医生计算猫咪每日所需要的热量，再进行饲喂，当然，很少有主人这么做。

猫粮分量不是越多越好

大多数生活在室内的成年猫要保持理想的体重，每天需要 1000 千焦左右的热量。如果你养的是幼猫，一旦它的体重达到成年猫体重的 75% 左右，就需要密切关注猫咪身体的各个部位，防止体重过度增长。在猫咪进行绝育手术后，需要减少 10%~20% 的投喂量。

没有必要喂食人类的食物

可以适当喂无盐的肉类。19 周龄前的小猫咪对植物蛋白质、碳水化合物的消化率不高，无法从植物中获得营养，而稍大的猫咪对蛋白质、碳水化合物的消化能力比对脂肪的消化能力更好。之后，随着年龄的增长，猫咪消化碳水化合物的能力又会下降。

幼猫饮食的三个阶段

出生	吮吸母乳，或是用幼猫专用配方奶粉替代。
离乳期（舔食）	舔舐糊状或粥状食物，建议饲喂专业幼猫配方罐头。
2 月龄以上	咀嚼，建议饲喂罐头和干粮，也可以加入离乳期奶糕。

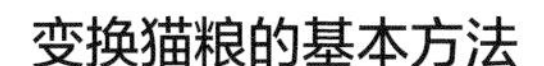

变换猫粮的基本方法

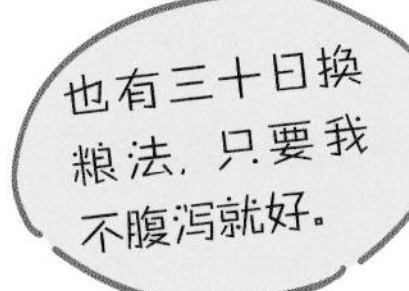

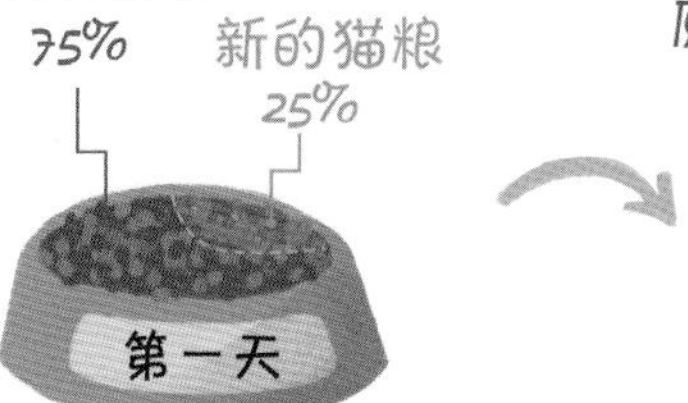

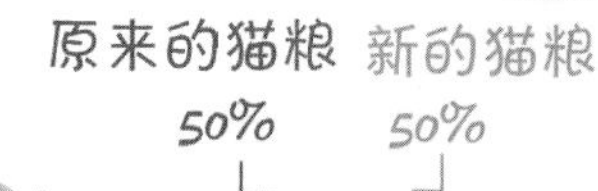

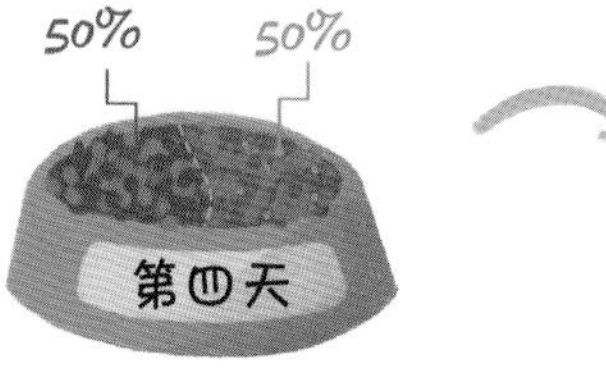

给猫咪喂食的要点

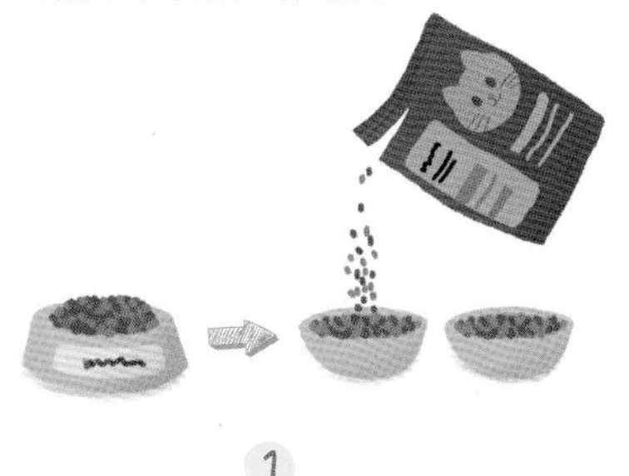

1 把猫粮少量多次喂给猫咪。

2 让猫咪在安静的场所自由进食。

3 看准时机拿走食盆，并确保猫咪喝到足够的水。

猫医生的小黑板　如何给被母猫拒绝的幼猫喂食

幼猫在出生后的2小时就可以进食了，但出生后的16~24小时内只能吸收初乳。大约4周龄前都应该从猫妈妈那里获得营养，以保护它们免受疾病的侵害，之后逐渐过渡到固体食物。如果一只幼猫被它的妈妈拒绝了，那么需要注意以下几个方面。

①确保能当一个日夜照料的饲养员。

②提供一个干净、温暖的环境。猫笼布置得柔软舒适，放置一些柔软的玩具。

③每天给猫咪清理住所，防止感染。

④定时喂食。每隔2~2.5小时需要给新生小猫喂食一次。

⑤每次喂食前后都要刺激幼猫排出尿液和粪便，一直到3周龄。

如何避免猫咪随地排泄？

猫咪随地排泄这件事，还是挺常见的。不一定是猫咪不乖，因为影响猫咪行为的外部原因有很多，如疾病、应激，甚至人和猫相互影响等，都会导致猫咪随地大小便。但“铲屎官”可以从最基本的猫砂和猫砂盆着手，通过选择合适的猫砂、猫砂盆，调整猫砂盆的摆放位置等，为猫咪提供舒适的如厕条件，避免随地排泄情况的发生。

推荐细粒柔软的猫砂

猫砂有很多种，大多数猫喜欢细粒的猫砂，因为踩起来比较柔软。一开始，摸不清猫咪的喜好，可以各种类型的猫砂都少买一点，让猫咪进行尝试，并观察它的喜好。运气不错的话，或许猫咪喜欢的猫砂既能控制气味，灰尘又少。

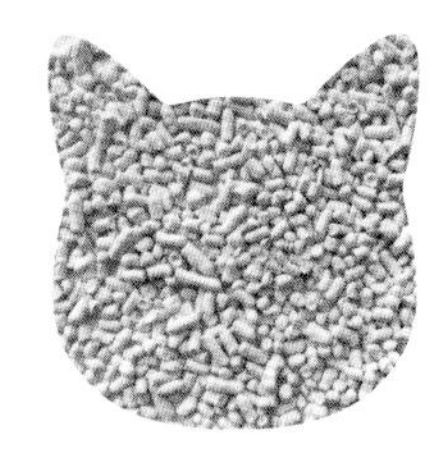

纸质猫砂

材质天然，吸水性强，除臭效果好，清理方便，能够直接冲进马桶。但是凝结力较弱，容易受潮发霉，容易粘在猫咪的毛发上。

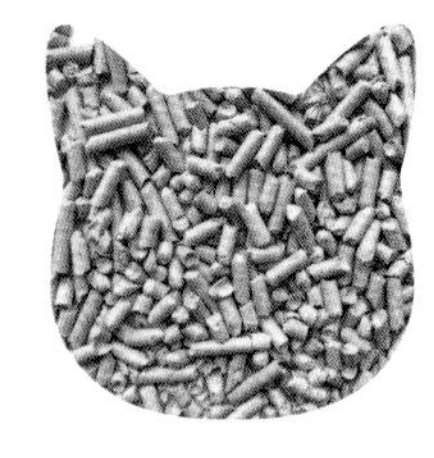

木质猫砂

材质天然，颗粒较大，扬尘较小，结团性和吸附力也不错，方便铲除清理。但是脚感较差，大多数猫咪不太喜欢。

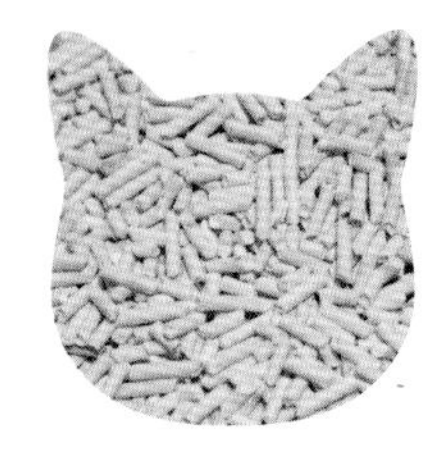

豆腐质猫砂

材质天然，除臭效果好，粉尘较小，遇水溶解，能够直接冲进马桶。但夏天或者潮湿的环境里容易长虫，结团能力较弱，且价格不低。

膨润土猫砂

质量轻，脚感好，猫咪也偏爱，清理起来比较方便，有些品牌除臭效果也不错。但粉尘偏大，猫砂颗粒很容易卡在猫咪的脚趾缝里。

推荐开放式猫砂盆

选购开放式猫砂盆主要参考三点

大小	猫砂盆内可活动空间的直径要大于或等于猫体长的 1.5 倍（如猫咪长 50 厘米，那猫砂盆的直径至少要有 75 厘米）。
高度	正常猫砂盆的高度以在猫咪肩高的 1/3 ~ 1/2 处为佳，这样猫咪进出猫砂盆时会比较方便，也不容易出现把猫砂弄得到处都是的情况。
数量	猫砂盆的数量 = 猫咪数量 +1 个（如果有 1 只猫咪，需要有 2 个猫砂盆）。

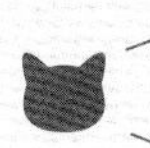

猫砂盆千万不要并排放在一起，否则在猫咪的眼里，这就是一个中间多个杠的巨大猫砂盆。你要将猫砂盆分开摆放在不同的位置。这样，即使你一整天不在家，它也能去干净的猫砂盆排泄。

如果一定要用封闭式的猫砂盆，那要注意以下几点。

1. 门的高度是猫咪身高的 1.2~1.5 倍，太低的门，猫咪可能不愿意进入。
2. 门不要过于灵活，猫咪进到猫砂盆内后，容易被门反弹到。
3. 及时铲屎，勤开门通风，但不能在里面放空气清新剂，人觉得香的东西，猫咪可不这么认为！

如厕训练

1 一旦确定好猫砂盆的位置，就不要轻易挪动，即使移动也要在猫咪不注意的情况下进行。

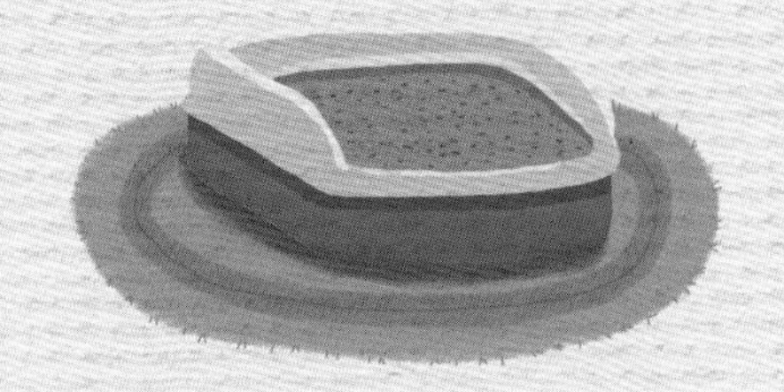

2 留意猫咪想上厕所的信号，如在屋内徘徊，或者不断闻地板的气味。

3 带猫咪去猫砂盆，或把猫砂盆放在它的附近（注意隐蔽，让猫有安全感）。

4 给予表扬。如果猫咪很好地完成了排泄，边抚摸边说："做得真棒！"

5 及时清理猫砂盆。每天至少清理 2 次猫砂盆，并根据需要添加猫砂，每隔 1~4 周用热水清洗猫砂盆。

猫咪很爱干净，所以，清理猫砂盆是一项必要的常规工作。虽然这可能不是你最喜欢的事，但是可以了解猫咪的习惯和健康状况。

纠正会用猫砂但乱排泄的行为

首先，要弄清楚猫咪为什么突然乱排泄。如果不是疾病引起的，仅是行为问题的话，可以通过以下方法解决。

1. **不要惩罚排泄不当的猫咪。**这会让猫咪将惩罚与主人相联系，从而产生恐惧心理，躲避主人，甚至破坏与主人的关系。
2. **将猫砂盆、食物及水碗等摆放在猫咪常随地大小便的区域，来限制猫进出。**确定一天中猫咪在猫砂盆以外排泄的时间，就知道应该在何时限制猫咪。
3. **关注猫咪对猫砂盆的喜好。**可为猫咪准备它更喜欢的猫砂盆，有吸引力及易于使用的猫砂盆对改变猫咪随地排泄行为很重要。
4. **为猫咪提供可盖住排泄物的材料。**研究表明，有些猫咪喜欢收集一些材料，如碎布、碎纸片等来盖住其排泄物，可以为猫咪提供这些材料，让它们能够盖住自己的排泄物。材料选择上，有些猫喜欢无气味的材料，有些猫喜欢碳粉类气味的材料，可多试几次，便能摸清猫咪的喜好了。
5. **每周清洗猫砂盆。**除了每天清理、更换猫砂等，猫砂盆应该保持完好，且最好每周清洗。
6. **配置多个猫砂盆。**尤其是饲养多猫的家庭，数量充足的猫砂盆对鼓励猫咪使用猫砂盆非常关键，可以建立多个摆放食物、猫砂盆及供猫咪休息的区域。

猫医生的小黑板

换猫砂小技巧

换猫砂其实就和换猫粮一样，要循序渐进，从2/3的旧猫砂和1/3的新猫砂开始，给猫咪一些时间熟悉新猫砂。添加新猫砂后，若猫咪拒绝，考虑停止使用这种猫砂；若接受，就逐渐增加新猫砂，让猫咪慢慢适应。直到猫砂盆里全部换成新猫砂，猫咪可能会认为这一切都是它的主意。

培养和主人同步的作息时间

第一次养猫，想和猫咪融洽生活，却不知道怎么做，甚至可能发现和猫咪处处都有冲突：想休息的时候，它总是来蹭你的脚；白天不能陪它，担心它会抑郁；换季时猫毛肆虐，没有一件外套能幸免……其实只要些许包容和改变，不愁养不好猫咪。

好习惯要从幼猫抓起

猫咪天生作息时间就和人类相反，人类是日出而作、日落而息，而猫咪是白天睡觉、夜里活动。如果要改变猫咪的作息时间，最好还是从幼猫开始。成年猫一旦养成了自己的作息，改变将会很难，对猫咪和“铲屎官”来说都很痛苦。

为猫咪准备一个小空间（猫笼、盒子或者固定的房间等），白天将猫咪放出，给它玩具或者陪它玩，让它尽情活动，最好用会动的小玩具，让猫咪过一把捕猎的瘾，这样能让猫咪在白天消耗大量的精力。

到了晚上让猫咪回到它的小空间里，关上灯，让它处于黑暗之中，不让它有机会出去玩。时间一久，猫咪就会养成习惯，作息便能与主人一致了。

此外，平时家里放些猫抓板、猫爬架之类的玩具，也能让猫咪在主人外出的时候多运动，从而晚上会睡得更香。玩耍的时候，如果猫咪身体伏低，双目圆睁，瞳孔大张，四爪轻轻挠动（为了更好地抓住地面），伺机扑向玩具，这就说明猫咪玩尽兴了。照这样多来几次，猫咪很快就会感到疲乏。

晚上无视闹腾的猫咪

如果晚上听见猫咪有动静，也不要去管教它，这只会让猫咪认为只要闹一闹，主人就会来陪它，猫咪反而会变本加厉地折腾。

猫咪突然改变睡眠习惯要注意

虽然成年猫平均每天要花 11~16 个小时休息或睡觉，但猫本身是狩猎动物，为了能敏锐地感知外界的一切动静，它大部分的睡眠都比较浅。

相对于成年猫，幼猫一天中的睡觉时间更长、更深，而老年猫的睡觉时间虽然长，但它们的睡眠质量会比较差。

如果有一天，猫咪的睡眠时间改变了，可能是外界一些因素影响了它。主人要确认它所处的环境中是否存在让它过度警觉的威胁，它是否处于痛苦之中。如果被剥夺了睡眠或被迫长时间保持清醒，猫咪会变得易怒甚至生病。为了猫咪的健康着想，需要将它带去宠物医院检查。

猫咪都爱玩耍

在与猫咪玩耍时要注意，不要用手指逗猫。猫咪会把活动的物体当作玩具，晃动的手指会引起它的好奇心。如果用手指逗猫，可要做好让手指受伤的准备了。

猫咪喜欢的游戏

“躲猫猫”

你有没有发现猫咪经常会躲起来，然后探头探脑地“伏击”你呢？有研究称这是猫咪在教主人狩猎。

“狩猎”游戏

即利用羽毛、猫薄荷球或毛绒玩具，让猫咪奔扑、抓挠、奔跑，释放天性。不仅有利于猫咪的健康，还能有效减少猫咪“捕猎”主人脚踝和其他动物的欲望。

“捕食”游戏

这项游戏建议结合喂食进行。试着给猫咪扔些高质量的食物，让它们去追逐，吃掉，再追逐，再吃掉。如果猫咪不愿意，可以在它面前放一块食物来引诱它，然后慢慢地把食物拿走，最后扔到不远处，让它去追、去抓。

追逐绳子

在轻一些的小球，或含有猫薄荷的玩具上绑一根麻线。拖动麻线，让猫咪追逐。玩这个游戏时要让猫咪捉到，以便让它能感觉到自己是成功的猎食者。

捕捉墙上影子

在晚上将所有灯熄灭，用一个大的手电筒在附近的墙壁上投下光柱。在光柱下摇晃或移动有弹性的猫玩具和其他细小物件，猫咪将往墙壁上飞跃，设法捕捉影子。注意不要使用激光笔逗猫。

肢体接触游戏 1：压脚尖

当猫咪趴在床上或者沙发上时，用手指去轻轻压它的脚尖。猫咪的性格往往不爱服输，在看到自己的脚尖被压着后，就会立马把小脚抽出来，再压在你的手上。

肢体接触游戏 2：抚摸猫咪

抚摸猫咪的时候，除了抚摸脸、下巴和脖子周围，还可以抚摸背部、尾巴根部等部位。不过抚摸尾巴根部时别太用力，猫咪的尾巴很敏感。

若是猫咪在被抚摸的时候发出类似嘶哑的叫声，那么就应该换个位置抚摸，或者干脆停下来，这是猫咪在表达自己不想被抚摸的意思。

肢体接触游戏 3：把猫咪放在大腿上

猫咪很喜欢在人的大腿上玩耍、发呆以及睡觉，好像这样能使它更安心。所以，可以把猫咪放在自己的大腿上，然后给它按摩。在按摩的过程中，主人可以把大腿稍微分开一点，好让猫咪往下陷落一些，因为猫咪喜欢被挤压的感觉。若是再加上主人的抚摸，它会感到特别放松。

猫咪喜欢的玩具

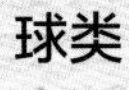

球类

球类玩具是猫咪的最爱之一，可以选择剑麻小球，或专门的猫咪球，也可以选择乒乓球或儿童玩的海洋球。推荐实心的小球，因为猫咪一般不喜欢太大、太轻的球。

绳子

稍微粗一点的绳子、鞋带等都是猫咪无法抗拒的玩具，可以瞬间让它进入兴奋状态。

但是切记，不要给猫咪玩细绳，以防它吞咽、误食，引发危险。粗绳也不能太长，以防猫咪在玩耍中将绳子缠绕到身上，引发危险。猫咪玩绳子时主人最好在旁边陪同，防止发生意外。

猫抓板

抓挠是猫咪的自然行为，确保家里有一个或多个地方可以给猫咪抓挠。猫抓板是非常好的玩具，有了它，猫咪就不会去抓沙发了。可以多买几个纹理不同的猫抓板，找出猫咪喜欢的纹理。

猫爬架

猫爬架是购买率很高的玩具。不过猫爬架的质量参差不齐，选购时要关注质量。记得买承重大的，这样猫咪长大后也能安全使用。

好奇的小橘猫

猫隧道

没有猫咪能拒绝猫隧道的诱惑，猫咪特别喜欢在里面钻来钻去，可以选择带有响纸的猫隧道，猫咪玩起来会更兴奋。

纸箱

猫咪对纸箱的喜爱程度仅次于小鱼干，因为猫咪未被驯化前经常潜伏在丛林中捕食。暴露的环境会让猫咪感到焦虑，而相对密封的空间会让它感到安全。

逗猫棒

用逗猫棒与猫咪玩耍时，适时地让猫咪抓住“猎物”，不然猫咪可能会失去玩耍的兴趣。

猫薄荷

猫薄荷虽然能让猫咪欲罢不能，但猫咪 8 月龄之前不建议使用，即使 8 月龄后也不要频繁地使用，否则容易失去效果，建议一周最多使用一次。也别将猫薄荷玩具长时间挂在房间里，要密封保存好。

留猫咪独自在家

原本以为猫咪性格独立，不怕孤独，但是没想到"出门一分钟，哄猫半小时"。主人回家后，猫咪常变得非常黏人，甚至连主人蹲马桶时都守在门口。

出行前做好准备

如果是已经习惯了家庭生活的成年猫，那么留它独自在家一晚或一整天都是可以的，因为一天中的大部分时间猫咪都在睡觉。需要做的是为它准备好食物和水，以及干净的猫砂盆。

需要准备的用具

□ **干猫粮**

多给猫咪准备些干猫粮，如果外出超过一天，食物务必要充足。

□ **自动供水器**

相比于准备多个装满水的盆，使用能够自动供水的装置，不仅方便，而且可以保持水的洁净。

□ **自动厕所**

如果主人因出差或度假超过两天不在家，一旦猫砂盆无人清理，猫咪可能会忍着不排泄。直接放置一个可以自动进行清理的猫厕所，能让你外出期间放心。

注意将猫咪可能会进入的、有危险的地方上锁，留它在舒适的生活区域就可以了。如果家中是幼猫或老年猫，或者你离开家的天数超过两天，那么，你需要考虑将猫咪送去宠物店或亲戚朋友家寄养。带上猫咪熟悉的日常用品，让照顾猫咪的人提前了解它的日常生活，将有助于猫咪顺利度过主人不在身边的这段时间。

缓解分离焦虑

尽管猫是比较独立的动物，但近年来有研究表明，分离焦虑也可能发生在猫身上。虽然目前还不清楚是什么原因导致了这种疾病，但可能是由遗传因素、周围环境等造成的。

什么是分离焦虑

通过名称可知，当猫咪与人类朋友，或与它所熟悉并建立了牢固联系的动物伙伴分离时，它就会感到焦虑。如果你的猫咪产生了以下行为，那么它可能患有这种心理疾病。

- □ “喵喵”叫，甚至过度哀嚎。
- □ 在不适当的地方，如地毯、个人物品（鞋子和包）和床上排泄或呕吐。
- □ 反常的破坏行为，如咬或抓家具。
- □ 过度舔毛。频繁地舔自己的毛发，以至于出现皮肤病等情况。

如何缓解猫咪分离焦虑

1. 使用一些技巧来建立猫对主人的信任感，譬如每天重复至少 10 次把钥匙拿走，然后放回原处；或者在家里反复开关门。然后逐渐增加离开猫咪的时间，从一分钟到五分钟，直到猫咪习惯。用这种方式告诉猫咪，离开后你还会回来；无论离开多长时间，你总是会回来的。

2. 音乐具有天然镇静作用，尤其是竖琴曲和钢琴曲。在离家前放这类音乐，能帮助猫咪放松。

3. 利用猫咪的搜索本能，分散注意力。在离家之前，把它喜欢的、有强烈气味的零食分散在各个位置，且不太容易让它获取。

4. 转移注意力。在离开之前和之后，让其他家庭成员或朋友和猫咪互动、玩耍，并爱抚它，让它感到是被需要，而不是会被抛弃的。

带猫咪外出

偶尔抱着猫咪出去逛一逛，对猫咪而言简直是如临大敌，它会使出吃奶的劲挣扎。那当猫咪不得不出门的时候该怎么办呢？

减轻应激反应

带猫咪外出最令人头疼的就是运输问题，尤其是长途运输，猫咪很容易产生应激反应。下面有些小办法能够减轻外出应激反应。

尽可能自驾出行

许多交通工具不允许携带宠物搭乘，如果选择自驾，为了行车安全，提前准备一个大且舒适的猫包，再准备一点猫薄荷，让猫咪在旅程中得以放松心情。千万不要把猫咪放在密不透风的行李箱里，这会使猫咪窒息。

出行前几天，可以频繁将猫咪带到布置好的车中熟悉环境。出行当天，确保固定好猫包，不然行驶过程中急刹车等突发事件会让猫咪恐惧。

让猫咪熟悉猫包

贸然把猫咪塞进猫包对于它来说太惊悚了，它会挣扎、抓挠直到挣脱你的“魔掌”，然后跑开躲起来。出行前几天让猫咪熟悉猫包，把猫包敞开放在猫咪喜欢的地方，比如它经常玩耍的地方。猫咪会有想去看看的好奇心，说不定还会在里面探索一番。

在猫包中放旧物或猫薄荷

在猫包中放一条猫咪常用的毯子或毛巾，或是一件闻起来有主人气味的旧衣服。也可用玩具或者猫薄荷来引诱它，实在不行试着将信息素喷在猫咪身上，从而降低猫咪的紧张感和攻击性，这会让它很有安全感、觉得很舒服。

带猫咪长途旅行

猫咪是领域意识非常强的动物，对于环境的依赖程度非常高，因为在猫咪长期生活的环境中，会存在着它的气味。一旦换了新环境，充满了奇奇怪怪的气味，猫咪就会感到非常不安，想让它放松心情玩耍，根本就是"天方夜谭"。而且猫咪一旦从陌生环境逃脱，便很难再被找回来。所以，在决定带猫咪长途旅行前，需要好好考虑安全问题。

个人并不建议带猫咪旅行，但是如果你的外出计划时间较长(半年以上)，而且实在舍不得和猫咪分开，除了运输安全之外，以下几点是你需要注意的。

猫咪长途旅行注意事项

充足的食物和水	为了防止它呕吐，不建议将猫咪喂饱后带上车。但食物的分量最好能多准备点，免得临时要吃却买不到相同牌子的猫粮。
猫砂和猫砂盆	猫咪对厕所很挑剔，所以准备好它平时使用的猫砂及猫砂盆。
住宿	确保目的地的住宿处可以接受带猫咪同住。
药物	如果猫咪患有慢性疾病或正在治疗中，必须备妥药物，最好也能准备一些紧急用药，如眼药、耳药及防护项圈。

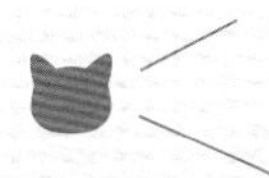

对于要出门的猫咪，一定要做好免疫和驱虫，一旦猫咪产生应激反应，免疫力下降很容易感染病菌。

猫医生的小黑板　猫咪可以出国旅游吗？

当然是可以的，只是办理起来有些让人望而却步。除非要在国外待上一年半载，不然办理出国前的检疫手续、到目的国的检疫手续、回国的检疫手续，怕是还没出门你就要累得够呛。更麻烦的是，如果去的国家是狂犬病疫区，回国之后猫咪不得不住在检疫笼舍长达3周的时间。所以，短期的旅游没必要带猫咪一起同行。

高高竖起的尾巴!
紧盯!
正在捕猎状态的
小橘猫,
不要小看它哦!

4

行为解读：更懂你的猫

读懂猫咪无声的“语言”

猫咪不会说话，但是会通过表情、动作来表达需求。所以，通过观察猫咪身体不同部位的变化，理解它想传达的信号，感觉猫咪的情绪变化，这很重要。

猫咪的表情语言

想要读懂猫咪的心，首先要关注它的表情。猫咪不会像人一样皱眉、微笑，表情主要是通过眼睛瞳孔的大小变化、耳朵的姿态变化以及胡须的摆动来体现的。

眼睛

猫咪瞳孔的大小是随周围环境的明暗程度变化的，即使周围的光线没有变化，根据情绪变化，瞳孔的大小也是会变化的（与肾上腺素的分泌有关）。

1 **瞳孔变细，眼神锐利。**灯光明亮或心情恶劣，处于攻击状态。

2 **瞳孔处于正中，反复放大缩小，呈梭状。**猫咪非常满意当前的状态，感到安心放松，此时也是抚摸猫咪、梳理毛发的好时机。

3 **瞳孔放到最大。**此时猫咪情绪亢奋、激动、好奇，或者感到惊讶、害怕，通常发生在猫咪游戏、捕猎或是打架的时候。有时候为了获取更多光线，猫咪也会放大瞳孔。

耳朵

猫咪的耳朵上有30多块肌肉（人类只有6块），可以朝左右前后各个方向转动，一方面是为了更好地听到周围的声音，另一方面也会根据心情的变化而改变耳朵的朝向。因此，通过观察猫咪的一双大耳朵，很容易读懂它的心情。

1 **耳朵耷拉着。**感受到危险时，猫咪会为了不使耳朵受伤而耷拉着，也有让对方觉得自己弱小而不希望受伤害的意思。

2 **耳朵横着翻过来，往后折。**此时猫咪处于愤怒和警戒的状态，可能是看到了讨厌的事物，心情很烦躁，说不定正准备攻击对方。

3 **耳朵略微朝外，稍微能看到耳朵的背面。**这是猫咪最放松的状态，如果猫咪此时与你待在一起，说明你得到了猫咪的信任。

4 **耳朵竖立朝向前方。**猫咪此时一定对某件事物非常好奇，正在专注地观察，此时是看不到它耳朵背面的。

胡须

一般猫咪的脸颊上有8~12根胡须。但是胡须不仅仅长在脸颊上，猫咪上唇、下巴、眉毛上以及腿后面的爪子上方也长有胡须。胡须和毛发的主要成分是一种叫角蛋白的纤维蛋白，但胡须要比毛发厚2~3倍，用来接收环境的信息，并将其发送到猫咪的大脑，帮助猫咪做出恰当反应。

1 **胡须下垂，处于松懈不着力的状态。**胡须由于引力的作用自然下垂，这说明目前的状态不需要胡须作为传感器，此时猫咪非常平静。

2 **胡须向前倾斜，眼睛直直地盯着目标。**当猫咪发现猎物、玩具等没见过的东西时就会很好奇，此时为了收集更多的信息，作为传感器的胡须就会往前倾，而此时猫咪的眼睛会直直地盯着目标。

3 **胡须向后拉。**当猫咪感到恐惧时，胡须会往后拉。

猫咪的身体语言

尾巴

猫咪毛茸茸的尾巴里大约有 20 块脊椎骨，总长可达 30 厘米。猫咪尾巴不仅用来保持平衡，还用来表达情绪，即使看上去满不在乎，尾巴也会诚实地表达出真实情感。

1 **闭着眼睛轻轻地大幅度晃动尾巴。**这表明猫咪虽然是在打盹儿，但是对周围的环境还在保持着警惕。如果猫咪在熟睡中尾巴轻微晃动，那是猫咪在做梦。

2 **尾巴不停拍打。**当猫咪不停地拍打尾巴，有可能是不耐烦的表现，也有可能是警觉的表现，随时准备攻击。这种情况下，最好还是不要上前和猫咪互动，有可能会被抓挠。

3 **尾巴立起来。**当猫咪尾巴直立，并且炸毛的时候，这是准备发起攻击了。如果再伴有浓重的呼吸声，你还是赶紧逃走吧。

4 **尾巴尖儿弯成问号状。**当猫咪看见你时，尾巴直立并且尖端弯成问号状时，这是友好的表现，下一步它就会过来蹭你的腿了。

5 **尾巴自然下垂。**当猫咪尾巴自然下垂时，是放松的表现，此时猫咪心境平和、情绪稳定，可以趁机上前和它互动。

6 **尾巴的前端微微颤动。**当猫咪发现了似乎很有趣的事物时，会微微颤动尾巴的前端。

7 **尾巴夹在后脚间。**这是可以看作求饶的姿势，当猫咪把尾巴夹在两后脚间，就表示它准备躲避攻击。

全身动作

1 **放松状态。**因为很放松，所以身体几乎没有用力，后背也是笔直的，尾巴自然下垂，耳朵朝向前方。

2 **感到恐惧。**当猫咪感到非常恐惧的时候会把身体蜷缩起来，整个身体会降低。耳朵会大幅度弯折，尾巴会夹在两条后腿之间。

3 **准备攻击。**当猫咪表现出强硬的态度，想要攻击对方时，就会把头部和腰部抬高，让身体显得更大一些。一旦进入攻击状态，为了能够随时跳起来，猫咪会把腰挺得高高的，头部向下，两条前腿充满力量。

4 **隐藏内心的恐惧，试图威吓对方。**耳朵耷拉下来，后背蜷曲，全身的毛都竖起来，尾巴直溜溜地竖起。虽然此时猫咪的心中非常恐惧，但是也要在对手面前假装出强硬的姿态，坚决不认输。

猫咪日常的迷惑行为

1. 猫咪为什么一直舔某个部位的毛?

身体问题

猫咪会在身体某个部位发痒或疼痛时频繁地舔舐。强迫性地舔舐可能意味着跳蚤滋生，过敏或者身体局部患有疾病（如黑下巴）。

舔毛会导致毛球过多或掉毛，掉毛的那块皮肤更容易被晒伤、冻伤或受到其他损伤。如果擦伤皮肤表面，还会有感染的风险。而感染又会加强舔舐这一行为，形成恶性循环，导致严重感染。

心理焦虑

舔舐并不总是源自身体上的问题，这种行为有时会有心理上的原因。猫咪喜欢一致性和可预测性，改变可能会给它带来压力，如搬家，或家里又多了只宠物，甚至是主人日程的改变都会让猫咪感到焦虑。

舔毛在这种情况下被认为是一种“替代行为”，会让猫咪平静并感到安慰，但如果问题没有得到正确的识别和解决，舔毛就会变成一种习惯。猫主人可以采取以下方法解决猫咪因心理焦虑引发的舔毛行为。

- ☐ 把熟悉的物品（如床上用品）带到新家。
- ☐ 增加猫咪的空间，如猫爬架，让猫咪有可以撤退到安全的高处。
- ☐ 每天腾出时间（10~15 分钟）和它一起玩，陪伴猫咪适应新环境。
- ☐ 如果猫咪压力实在太大，要在宠物医生的指导下进行抗焦虑药物治疗。

2. 每次看见我就伸懒腰，是不想搭理我吗?

对于猫咪来说，一觉醒来后，伸展并抓挠是必不可少的，伸懒腰除了可以让猫咪身体活动起来外，还是让猫咪平静下来的积极有效的方式。因此，猫主人可以在猫咪最喜欢的休息地摆放一个较高的猫抓柱。

另一方面，当猫咪习惯性地在主人休息的时候伸展身体，也说明了它在主人的陪伴下是非常放松的，从猫咪的角度来说，这是给予你的最大肯定！

当然伸懒腰可能只是猫咪想吸引主人注意力的一个信号。它可能会漫不经心地向你的脚伸出爪子，这样它们就能接触到你，而这通常会引起你的回应，猫咪也就达到了它的目的。

最后，如果伸缩爪子在猫咪放松或被抚摸时常常出现，很有可能是猫咪想起自己的小时候啦。刚出生的幼猫听不见也看不着，完全依赖母亲。它们会交替抬起爪子、伸缩爪子按压母亲的乳腺，刺激乳汁分泌，这对它们来说是一种奇妙的安慰体验。当它们经历幸福时刻，曾经在哺乳时获得的满足感就会再次被唤醒。所以，如果猫在你面前这样伸缩爪子，说明猫咪很幸福哦。

3. 我家猫咪总是挠我、咬我，是讨厌我吗？

如果猫咪表现得咄咄逼人，通常是因为害怕，在这种情况下，猫咪可能真的会咬人，但这种攻击性行为的出现，往往是针对领地以外的其他猫咪，甚至是家里的其他猫咪。猫咪有时会因为玩得太开心而咬人，但这种咬人是无意的行为。

另外，猫咪天性调皮，会躲在一旁，把伏击走动的你当作一种乐趣，只是有时候掌握不好分寸，会造成主人受伤，但是猫咪绝无恶意。

如何防止与猫咪玩耍时被咬伤或抓伤？

- ☐ 每天陪猫咪一起玩。
- ☐ 陪猫咪玩耍时，使用专属的玩具，不要用自己的手或者脚去逗猫。
- ☐ 通过玩具分散猫咪的注意力，尤其是在猫咪准备攻击的时候。
- ☐ 如果猫咪在玩耍的时候十分粗暴地攻击你，立刻走开，不要和它打架。
- ☐ 丰富家里的环境，这样它就不会一直盯着你的手或脚，并企图寻找机会扑上去。

有活力的运动员——小狸花猫！

4. 明明很享受按摩，为什么突然咬我的手？

大多数猫主人都有这样的经历：你正在抚摸猫咪，也许它还在发出“咕噜咕噜”的声音，突然，它就会咬你的手或胳膊。这在动物行为学上被称作“爱抚诱导攻击性”。

抚摸猫咪时的注意事项

- □ 不要抚摸猫咪全身。如果抚摸的是刚收养的一只新猫，或者朋友的猫（从来没有见过它），不要抚摸猫咪的整个身体，特别是靠近尾巴的地方，猫咪对此处非常敏感。应专注于抚摸猫咪的脸、头和脖子后面。
- □ 小心猫咪的敏感部位。猫咪身体的不同部位都有特别敏感的点，抚摸这些点相当于在人类特别痒的地方挠痒。猫咪想告诉主人“别再抚摸它了”，但又说不出话来。所以，它就会通过咬你来发送消息，表达不想被抚摸的情绪。

当猫咪表现出攻击性时这样做

- □ 注意猫咪发出的警告信号，在它过度兴奋时不要抚摸它。如果猫咪在你腿上，不要碰它，你只要站起来让猫咪自己跳下去。如果它乖乖下来，可以奖励它。
- □ 如果猫咪在你抚摸它时咬了你，站起来不要理会它。不要和它有眼神接触，完全无视它。如果猫咪在咬了你之后又爬到你的腿上想得到抚摸，却又一次咬你，和先前一样不要理睬它，这样它很快就会把“咬”和你的反应联系起来。
- □ 使用信息素喷雾让它镇静。可以直接喷在腿上，或者喷在猫咪坐着的毯子上。

5. 总喝厕所等地方的水是为什么?

在人类看来，马桶是藏污纳垢的地方，但在猫咪眼里，它是良好的水源。

1. 猫咪喜欢流动的水，所以在猫咪眼里马桶的水十分“新鲜”。
2. 猫咪对氯的气味很敏感，一般新接的自来水都有氯味，而马桶里的水大多是经过滤处理的水，虽然不是很干净，但是氯味挥发得差不多了，所以猫咪更愿意喝。
3. 食盆、水碗开口太小，或是食盆和水碗距离太近，都有可能遭到猫咪嫌弃。

6. 痴迷于踩被子，这是为什么?

猫咪踩被子，其实是源于小时候的踩奶行为。幼猫时期，为了让猫妈妈的乳房产生充足的奶水，小猫会用两只前脚在母猫的乳房周围踩踏，刺激母猫分泌乳汁。即便长大之后，猫咪在睡觉或者接触到柔软的毛巾和被子的时候，小时候的记忆也会被唤醒，就会开始一边吮吸一边踩被子。只有当猫咪十分信任主人的时候，才会“踩奶”哦。

7. 经常盯着空气看，难道猫咪有特异功能?

猫咪常常会突然地看向某一处，一动不动，表情严肃，目光犀利。当你顺着它的目光看时，却发现什么都没有。

首先，猫咪眼睛的晶状体和角膜较大，所以比人的眼睛灵敏，很多人类看不到的细微的东西，猫咪都能看到。有时候主人觉得猫咪无缘无故盯着一个地方看，其实很有可能是猫咪看到了主人看不到的小虫子。

其次，猫咪眼睛拥有极强的感光性，所以猫咪在黑夜中也能看到东西，即使是在光线昏暗的地方，视力也一点不会受到影响。有的时候猫咪突然聚精会神地看一个地方，很有可能只是被那边变化跳动的光线吸引了。

另外，猫咪天生性格好奇敏感，当猫咪看到一些能够吸引它们注意力的东西时，它们总是会变得格外精神，而且表情看上去非常严肃，胆子小一点的猫咪甚至会炸毛，但其实吸引它们注意力的东西在人类看来都是一些寻常的小玩意儿而已。

8. 为什么猫咪拒绝和人目光对视?

猫咪天生就不会和人对视。即使是猫咪与猫咪之间，平常也不会目光对视。如果两只猫咪盯着彼此看，就意味着它们之间的气氛非常紧张，正在相互威吓对方，可能一场大战即将爆发。因此，猫咪无法习惯和主人目光对视。

9. 猫咪为什么喜欢晒太阳？

你是否经常看见猫咪躺在了阳光下，或伸着懒腰，或仰面朝天，接受阳光的“洗礼”。当太阳转动时，猫咪也会跟着阳光一起移动，有时候你会怀疑，到底是养了一只猫还是一株向日葵。其主要原因是猫咪体温比人类高，比起怕热更加地怕冷，对温度也十分敏感，他们喜欢温暖干燥的地方，享受阳光带来的温暖。另外，阳光可以使他们毛发干燥，也有利于促进猫咪身体对钙的吸收。

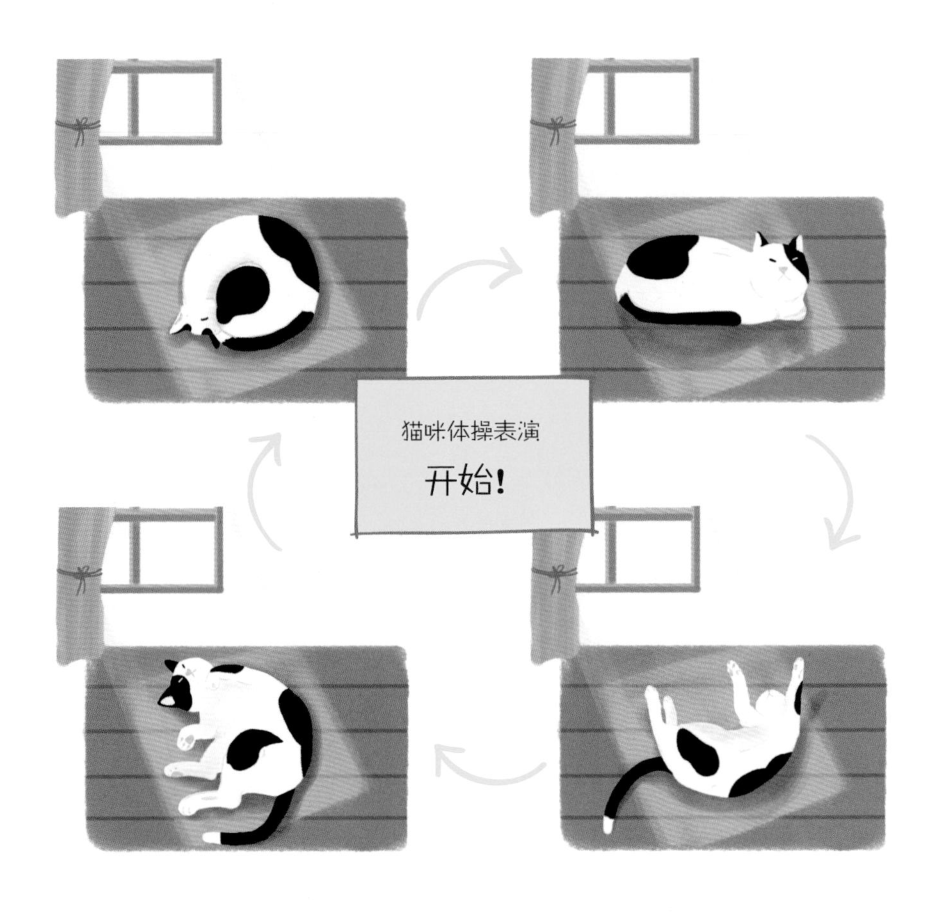

10. 猫咪发出“咕噜咕噜”的声音，是生气了吗？

有些刚刚养猫却不太熟悉猫咪习性的人，听见它发出的“咕噜咕噜”的声音便认为是猫咪生病了，慌张焦急地把猫咪带去看宠物医生。其实猫咪发出“咕噜咕噜”的声音，从它是幼猫时就开始了，当猫咪想要猫妈妈照顾时，它就会发出这种短短的、急促的声音。

表示开心的“咕噜”声

当你让猫咪感到亲切的时候，比如你喂它小鱼干，或者当猫咪趴在你身上，或者在你脚边蹭来蹭去，或者你挠猫咪下巴的时候，它就很容易发出“咕噜咕噜”的声音。这个声音也暗含鼓励的意思，希望你继续。

表示痛苦的“咕噜”声

猫咪在生病或痛苦时，也会发出“咕噜咕噜”的声音。如果猫咪平时叫声很悦耳，声音清脆，饮食习惯也很正常，但是突然发出“咕噜咕噜”的声音，特别是跟平时的声音有些不一样，就要特别关注猫咪的生活习惯是否有异常，因为很可能是猫咪生病了。此时可以把猫咪带到宠物医院进行检查，看是不是吃坏肚子或者生其他问题。

11. 猫咪为什么闻了味道后会张开嘴?

你是否见过猫咪嗅了嗅某样东西，然后张着嘴，好像打了个哈欠？其原因可能是猫咪探测到了某种不易挥发的化学物质，即信息素。猫咪张开嘴巴呼吸，更有利于吸入信息素等化学物质，这些化学物质通过神经刺激向大脑发送信息，大脑再对其进行分析。

12. 被送走的猫咪，多年后还记得我吗?

动物行为学家研究发现，猫咪的大脑中存在两种记忆存储系统，一种是联想记忆，另一种是真实记忆。

联想记忆

猫咪将特定活动与现实中遇到的事物联系，例如，每次听到开罐头的声音时，它就会跑过来，因为猫咪把声音和罐头联系在一起，这些活动与积极记忆有关。而有些活动与消极记忆有关，比如看宠物医生，这就可以解释为什么每次主人拿出猫包，猫咪就会跑或藏起来——猫咪会记得上一次进入猫包后，它被带去了医院。

真实记忆

短期和长期记忆，这些是储存在猫咪的大脑记忆中心的经历和感受。猫的短期记忆可能长达 16 个小时，长期记忆更难定义，猫会记得和它们有特殊关系的人类或同伴。猫咪长期记忆的另一种表现是，当主人或同伴突然离开或者去世时，猫咪会感到悲伤。通常情况下，它一般会停止使用猫砂盆或者停止进食。但随着猫咪年龄的增长，它们的记忆力也会衰退。

13. 坐拥玩具三千，为什么“独宠”纸箱?

令许多人哭笑不得的是，无论多豪华的猫窝、多智能的玩具，对猫咪的吸引力都比不上一个废旧的纸箱。究竟为什么猫咪偏偏对纸箱情有独钟呢?

躲避危险的一种方式

即使已经进化成捕食者，但是猫咪也有自己的天敌。猫本能地被纸箱吸引的一个重要原因是纸箱代表着安全。当猫咪被关在比自己高的纸箱里时，它坚信自己是隐形的，因此是不可被战胜的。

纸箱可以减轻猫咪压力

有研究发现，与没有纸箱的对照组猫相比，被安排在纸箱里的猫咪表现出的情绪更稳定，适应环境的速度更快。藏在纸箱里可能会帮助猫缓解应激反应。

帮助猫咪避免社交上的不愉快

猫咪不擅长解决冲突。可能你见过猫咪跟同伴打了几下，然后就飞快地跑走了。对猫咪来说，躲在纸箱里是避免冲突的一种方式，同时也是逃避主人责骂的最好方法。

纸箱的作用类似母猫和同伴

猫咪在小时候与母亲和同伴依偎在一起，纸箱的封闭和温暖会让猫咪有类似的感受。

14. 猫咪会游泳，为什么却讨厌水？

很多人认为猫咪不喜欢水，自然也就不会游泳。其实从理论上来说，所有的猫都会游泳！被人所熟知的喜欢水的猫有缅因猫、阿比西尼亚猫、土耳其猫、孟加拉猫等。既然猫咪会游泳，但为什么大多数猫咪讨厌水呢？

1. 天生会游泳不代表擅长游泳。猫咪生来就会游泳，但不是所有猫咪都擅长游泳。就像猫咪的捕猎行为和吮吸行为也是天生的，但不一定所有的猫咪都擅长，而且早期的家猫品种并没有生活在有很多水的地区。
2. 猫咪从来都没有去过水里，因此没有信心。
3. 猫咪不喜欢皮毛潮湿、厚重的感觉，也不想碰到水后再把身上的每一根毛都重新梳理一遍。
4. 可能曾经在水里有过不好的经历。

猫医生的小黑板

不要强迫猫咪游泳

从理论上来说，所有的猫都会游泳，但大多数猫不喜欢水。虽然它们会本能地游泳，但如果掉进水里，不习惯水的猫也有溺水的危险，所以确保猫咪的安全是十分重要的。作为负责任的主人，不要因为那些新奇的想法而去伤害你的猫。

15. 为什么总是喜欢在主人身边睡觉?

1 **更有安全感。**幼猫更喜欢靠近主人的胸部睡觉，这样能感觉到主人心脏的跳动，从而想起和母亲一起睡觉的经历。猫咪喜欢背靠着东西睡觉，这样，它们可以确保背部得到保护，会感到更安全。

2 **主人的“小闹钟”。**猫咪是很有条理的动物，喜欢循规蹈矩，讨厌意外。因此，睡在主人身边方便唤醒主人，以确保每天日程顺利进行。另外，如果它看到你因为生病而躺在床上，也会寸步不离地整天陪着你。

3 **属于同一个社会群体。**猫咪具有很强的领地意识、排他性和社会性，主人的床就是它的地盘。最明显的对比是，狗喜欢和家里的每一位成员交流互动，然而，猫咪只会和它觉得最安全的人在一起睡觉。

4 **方便逃走。**相比于头和脚，胸部位置更安全，不容易被主人“压”到。如果睡觉过程中，主人突然翻身，它们也能迅速反应过来，立刻逃走。

16. 为什么对着窗外鸟儿“叽叽喳喳”地叫?

当猫咪在窗口看鸟的时候，你可能会听到它发出一种“叽叽喳喳”的声音，关于猫咪为什么会发出这种声音，有不同的猜测和解释。

有种说法认为猫咪是在练习撕咬，假想捕捉猎物后进行撕扯。而另一种说法是，猫咪透过玻璃看到小鸟时，会因为玻璃的存在，无法捕捉到小鸟而感到沮丧，进而发出这样的声音。也有可能是因为看到猎物，处于高度兴奋状态而发出声音。

17. 猫咪也有“网瘾”吗?

有一样东西，只要你拿着，猫咪一定会来。无论哪一部分，猫咪都喜欢，即使是睡觉，也不离不弃。没错，这样东西就是电脑。

其实对猫咪而言，电脑一点都不有趣。猫咪对显示器、键盘、主机的热衷，其实是一场“从机器怪兽手里拯救痴呆主人”的战斗。因为猫咪无法理解电脑是什么，有什么用处。它看到的是主人总是对着一个屏幕而不理它。猫咪之所以会赖在电脑旁边不走，其实是想求得关注。但这场战斗的结局往往是猫咪把自己弄睡着。

主人怎么还在看电脑？我都想睡觉了……

18. 猫咪为什么会吐舌头?

有时猫咪在清洁或进食的过程中会停下来，伸出舌头，但持续几秒后，舌头无法完全收回。不用担心，这种情况只会偶尔发生，属于正常现象。

当猫咪完全放松时，可能会松开下巴，只露出一点舌头。同样地，你可能会看到猫咪在睡觉时不由自主地抽搐、吐舌头，这也没什么好担心的。对于猫咪来说，伸出舌头睡觉是很正常的。

不过猫咪也会因为患口腔疾病、中暑、中毒、感染等，过度流口水和伸出舌头，所以需要留心观察猫咪的状态。

伸舌头的情况并不一样哟!

19. 为什么越是不理猫咪，它越是热情？

朋友到家里做客，常会出现令人尴尬的情况：某位朋友想去摸猫咪，可它却非常不给面子，远远地躲开，甚至会黏在对它不感兴趣的人旁边。

其实不是猫咪不给面子，而是任何快速向猫咪移动的人或物体，都有可能被它当成威胁，何况人还那么高大。而且猫咪喜欢掌握主动权，好控制局面，因为这样对它而言更安全。所以猫咪就会认为那些不主动去亲近它的人，是没有威胁的、友善的，甚至会产生好奇，主动接近。

如果你家猫咪是这样的，下次朋友来家里时，可以告诉不喜欢猫咪的朋友，当家里的猫咪主动接近他们时，可以向猫咪拍拍手、挥挥胳膊，这样它就会立马提高警惕，不敢再轻易靠近了。然后告诉那些喜欢猫咪的朋友，进门先别急，安安静静地进屋，坐上几分钟，也不要跟猫咪有眼神上的交流，只有先保持安全距离，才会引起猫咪的兴趣，它才会主动靠近互动。

“贪吃鬼”美短双色猫
罐头食品是我的最爱！

5

科学喂养：

正确饮食·少生病

猫咪的营养：均衡是关键

饮食与营养同猫咪的健康息息相关，提供适合它需求的饮食——包含所有重要营养成分并且比例合适，才能避免猫咪健康出现问题。

猫是严格的肉食动物

现在许多人用养狗的方式养猫，但猫和狗的生理构造完全不同，狗是杂食动物，吃狗粮是最佳选择。而猫咪是肉食动物，对蛋白质的需求很高，虽然猫粮（干粮）也是很好的选择，但猫粮（干粮）含水量偏低，除了要注意给猫咪补水，配合吃些熟肉、罐头等才是最佳饮食方案。希望猫咪能够健健康康，陪伴我们更久，保证营养均衡的饮食非常重要，优质的猫咪饮食应当包含以下五种营养素。

猫咪所需五大营养素

营养素	作用及注意事项
蛋白质	能制造血液、内脏、肌肉和被毛，可转化为能量。蛋白质内含有的多种必需氨基酸是重要营养来源，特别是牛磺酸，由于猫咪体内无法生成，需要单独补充。但摄取过多蛋白质，也会变成堆积的脂肪，不利于健康。
脂肪	可以转化为能量，所含的必需脂肪酸能够提升猫咪免疫力。但不要摄取过量，容易引发肥胖和各种疾病。
碳水化合物	是能量来源之一。猫咪的结肠很短，所以食物里若含有大量的碳水化合物以及膳食纤维，是很难被消化吸收的。
维生素	维生素的均衡摄入尤为关键，如维生素 A 维持皮肤和黏膜组织的正常功能；维生素 E 能够抗氧化，提升免疫力等。
矿物质	钙和磷有助于形成骨头和牙齿，铁和镁帮助制造红细胞。但注意不可摄入过量钙和磷，否则可能会导致猫咪尿路结石。

重点营养素：牛磺酸

牛磺酸是猫咪心脏肌肉、视力、消化系统和生殖系统正常运作所必需的氨基酸之一。与其他哺乳类动物不同，猫咪自身不能合成牛磺酸。缺乏牛磺酸可能会导致猫咪失明、心脏功能受损、神经系统缺陷以及其他生长问题。因此，为了满足猫咪的需要，要通过食物补充这种氨基酸。

如何科学补充牛磺酸?

吃猫粮或者罐头的猫咪，不需要额外补充大量的牛磺酸。在给猫咪吃猫粮或者罐头之外，可以偶尔喂一点自制的熟牛肉、深海鱼或者贝类，如沙丁鱼、马鲛鱼等。鱼背部黑色地方的牛磺酸含量比其他部位高。

完全吃自制食物的猫咪，要在食物里添牛磺酸粉。具体的补充量可以根据购买的牛磺酸粉来决定，不必过于小心翼翼，稍微多一点或者少一点都没有太大关系。

牛磺酸的功效

- 保护视网膜
- 抗氧化、延缓衰老
- 增强心脏收缩能力
- 促进肌肉生长
- 帮助产生胆汁

重点营养素：精氨酸

除了牛磺酸，还需要补充一种必不可少的氨基酸——精氨酸。如果猫咪体内缺乏精氨酸，会导致血氨升高，迅速出现氨中毒(高血氨症)，表现为呕吐、唾液分泌过多等。如果不及时治疗，可能会导致猫咪死亡。

由于猫咪对精氨酸含量不足的食物十分敏感，如果2~5小时内没有给猫咪喂食含有精氨酸的食物，猫咪就会显现出明显的抵抗情绪。因此，“铲屎官”应当多给猫咪吃鸡肉、牛肉等富含精氨酸的高蛋白食物。

用对营养补充剂

猫咪营养补充剂也可以叫作膳食补充剂，常见的有营养膏、化毛膏、鱼油、硫酸软骨素、绿唇怡贝提取物等。

营养膏

这是最为大家所熟知的。也不知道从什么时候起，营养膏仿佛成了猫咪的“万灵药”：猫咪不舒服了，喂一些营养膏；猫咪吃得少了，喂一些营养膏；猫咪无聊了，喂一些营养膏……总之，无论出现什么情况都喂营养膏。其实，营养膏中的营养大多属于维生素类，是补充维生素的选择之一，都只是一些基础能量，不具备那么神奇的功效。

化毛膏

化毛膏的作用主要是让猫咪胃部的毛发得以顺利地排泄出来，一般日常护理使用商家推荐的产品即可。如果确认猫咪有毛球问题，则每次至少挤出长度 25 厘米以上的膏体，每日 1 次，连续 3~5 日，然后再次确认胃部是否存在毛球。

鱼油

鱼油的主要作用是护理猫咪毛发，保证关节以及心血管健康，其中含有的 ω-3 脂肪酸具有抗炎、抗心律不齐、抗血栓的作用。众所周知，纯种猫的遗传性心脏病是较为常见的，ω-3 脂肪酸对患有此疾病的猫咪有益。

硫酸软骨素、绿唇怡贝提取物

这两类营养补充剂对猫咪的关节很有好处。骨关节病在各个年龄段的猫中都是很常见的，只是老年猫的症状比较明显。“铲屎官”会认为是猫咪上了年纪，不爱运动才会出现此疾病，而往往忽略轻微的骨关节炎。作为一名宠物医生，个人希望大家多多关注猫咪的关节慢性疼痛。

不同年龄段猫咪的饮食

猫咪的一生，按照生长阶段可分为初生期、离乳期、幼猫期、成年期和老年期。在不同阶段，所需的营养会有明显的差异。

不同年龄段猫咪的喂食原则

<table>
<tr><th colspan="2">阶段</th><th>喂食</th><th>注意事项</th></tr>
<tr><td rowspan="3">初生期</td><td>1周</td><td>喂初乳6或7次/天。</td><td rowspan="2">初乳含有丰富的抗体，可以为小猫提供早期保护，防止感染各种疾病。</td></tr>
<tr><td>2周</td><td>喂猫妈妈的母乳，5或6次/天。</td></tr>
<tr><td>3周</td><td>喂猫妈妈的母乳，开始喂幼猫奶糕。</td><td>奶糕尽量泡软再喂，分多次喂食，每次分量少一点。</td></tr>
<tr><td colspan="2">离乳期（4~5周）</td><td>开始用干粮或者自制粮代替母乳。</td><td>为了方便幼猫，装食物的容器最好是扁平的。干粮弄成小块或者小粒，方便幼猫吞咽。</td></tr>
<tr><td colspan="2">幼猫期（5~7周）</td><td colspan="2">①注意观察小猫的健康状况，每天同一时间称重，如果某天小猫的体重没有增长，甚至减少了，或者经常乱叫，就说明应该给它补充奶制品了。
②对小猫来说，牛奶不是一种理想的代用品，因为牛奶中的乳糖含量太高而且热量不足，要用专用的宠物奶粉或其他代用品。</td></tr>
<tr><td colspan="2">成年期</td><td colspan="2">每天有1/3的时间用于睡觉，1/3的时间用于玩耍，1/3的时间用于进食和整理毛发，所以对一只成年猫来讲，保障基本营养需求是最重要的，平时正常喂养即可。</td></tr>
<tr><td colspan="2">老年期</td><td colspan="2">①提供增强免疫力的营养素，比如维生素C、维生素E、叶黄素、牛磺酸等。再喂食一些鱼油预防老年猫患上心血管病。
②老年猫嗅觉、味觉都会下降，食欲会减退，吸收能力会下降，咀嚼也会有困难，所以“铲屎官”要尽量提供一些高热量而且好咀嚼、好消化的细软食物。</td></tr>
</table>

主人请注意！猫咪绝不能吃的东西

猫咪勿食的食物

酒精

对宠物肝脏和大脑有很大的影响，仅仅2~3茶匙的高浓度酒精饮料，如威士忌，就足以使一只小猫昏迷，甚至死亡。

橘子、柠檬等柑橘类水果

柑橘类水果会刺激猫咪的肠胃，容易导致猫咪呕吐。

葡萄和葡萄干

即使少量喂食，也有可能导致猫咪反复呕吐，甚至引起肾功能衰竭。

牛油果

牛油果中的毒素可导致猫咪出现消化道问题、呼吸困难、高烧等。

香蕉

不建议给猫咪食用，否则可能会引起猫咪腹泻、呕吐。

洋葱

洋葱中的气味对猫咪有害，而且洋葱中含有一种叫做硫代硫酸盐的硫化合物，会破坏动物血液中的红细胞。

番茄

番茄含有龙葵碱，龙葵碱对胃肠道黏膜有较强的刺激性。

牛奶

大多数猫都有乳糖不耐症，喂一碟牛奶可能会让它们胃部不适、腹泻或呕吐。

猫咪勿食的花草

百合花

某些种类的百合对猫咪来说是非常危险的，如亚洲百合。猫咪在摄入百合花粉后可能会出现肾衰竭。

牵牛花

花和茎中含有能引起猫中毒的生物碱，食用牵牛花会引起呕吐、血压变化、颤抖和癫痫等。

水仙花

水仙花含有一种有毒的生物碱，会引发呕吐，而鳞茎中的晶体有毒，会导致猫咪心律失常或出现呼吸抑制。

郁金香

就像水仙花一样，郁金香的鳞茎对猫咪有毒。它们含有过敏性内酯，如果吞食，可导致呕吐、腹泻。

菊花

菊花虽然毒性不高，但含有除虫菊酯，这种物质用于治疗跳蚤和蜱虫，对猫咪的毒性很大。

风信子

风信子鳞茎中的毒素浓度很高。食用后可导致流口水、呕吐或腹泻。

仙客来

仙客来含有刺激性的皂苷，食用这种植物会导致腹泻，如果摄入足够多，甚至可能导致心脏衰竭。

伽蓝菜属多肉植物

景天科伽蓝菜属的多肉植物都对猫有毒，并可能导致猫呕吐及腹泻，如千兔耳、玉吊钟等。

猫粮该如何选择?

猫咪的特性决定了它对蛋白质的需求量非常高，市售猫粮和自制熟肉都是很好的蛋白质来源，现在市面上的猫粮种类丰富，究竟该如何选择呢?

猫粮有哪些?

干粮

如果是上班族或者学生，每天都需要外出一段时间，干粮就比较合适，可以让猫咪自己吃，不用担心食物变质。

湿粮

如果主人长时间待在家里，就可以考虑湿粮（主食罐头或自制鲜食）。但要注意，夏天比较热，拿出来超过 2 小时的食物，最好就不要让猫咪吃了，以免变质。

其他

零食和营养补充剂可作为加餐，适量喂食。

干粮、生肉和冻干该怎么选？

干粮

优点

品质好的干粮，各种营养成分充足且配比合理，选一款不错的猫粮基本能满足猫咪的营养需求。

缺点

水分含量太少。一只正常成年猫咪每天所需水分为 50~60 毫升 / 千克体重，否则容易出现泌尿系统疾病、肝肾问题，所以吃干粮的同时要多喝水。

生肉

优点

优质的肉类可满足猫咪对蛋白质和水分的需求。

缺点

生肉的保存以及解冻方式不正确会引起猫咪肠道感染，甚至肉类里面含有寄生虫会直接感染猫咪，而且它的营养不全面，需要额外补充牛磺酸和精氨酸。个人不支持这种喂养方式。

冻干

优点

能提供优质的蛋白质，且没有细菌和寄生虫感染的风险，但不能作为主粮，可以当做零食。

缺点

需额外补充牛磺酸和精氨酸。

猫医生的小黑板

吃干粮不能帮助清洁牙齿

猫咪是严格的肉食动物，所以猫咪的牙齿形状以及结构是专门用来撕裂肉类，而不是用来咀嚼的。因此，“家猫可以借由食用干粮的咀嚼动作帮助清洁牙齿”的说法并不正确，显然干粮并不能大到让猫咪的牙齿穿刺进去从而达到洁牙效果。

要给猫咪吃罐头食品

至今为止，人们对干粮和罐头食品的评价一直都褒贬不一，干粮便宜但是水分含量少，容易让患泌尿系统疾病的猫咪病情更严重。罐头食品含水量高，但是成本高，保质期又短，许多“铲屎官”感叹“吃不起”。

虽然罐头食品比干粮在价格上高出不少，但可以为猫咪提供全面的营养。首先，因为罐头的含水量平均有70%，猫咪本身是不太爱喝水的动物，所以对患有肾病或自发性膀胱炎的猫咪来说，吃罐头食品能补充水分，有助于改善整体健康状况。如果猫咪易患肾结石或膀胱结石，可以从罐头中受益。因为罐头食品能促进尿液排出，预防结石形成。

其次，罐头食品经高温烹饪后能够很好地灭菌，烘烤而成的干粮达不到相同的灭菌程度。所以比起干粮，给猫咪吃罐头食品会更加安全，但前提是要买品质合格的罐头。

另外，有些猫咪呕吐时，大部分呕吐物都是完整的干粮，虽然不能认为这是吃干粮导致的，但是猫咪不咀嚼食物可能是呕吐的诱因。与其苦苦找寻其他原因，不如选择用罐头代替干粮喂食，看看情况是否有所改善。

建议每隔1~2周给猫吃一次罐头食品，拌在干粮里给猫咪吃。

猫医生的小黑板

喂食罐头注意事项

罐头开封后要在12小时内吃完。常温下喂食1小时内没有吃完，放入冰箱保鲜，否则一旦味道发生变化，猫咪不吃造成浪费（特别是炎热的夏天，可能四五个小时就已经馊了）。另外，湿粮容易粘附在猫咪的牙齿上，注意定期给猫咪清洁牙齿。

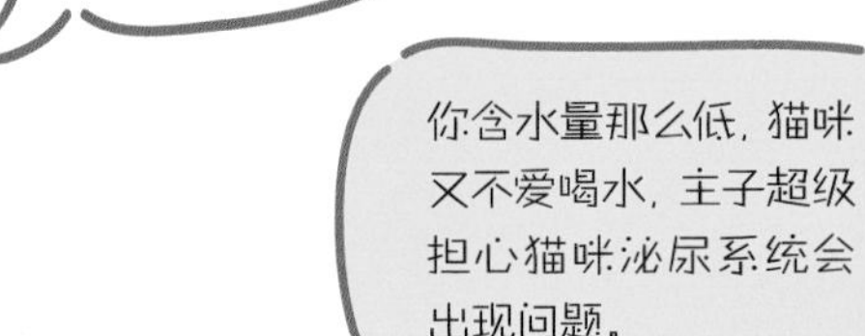

储存猫粮的正确方法

阴凉处保存

放在阴凉处，因为空气和光线会导致干粮中的脂肪氧化，会让食物变臭。

密封

敞开的包装袋很容易感染螨虫，可能导致猫咪过敏。如果是罐头，建议开封后把剩下的部分进行密封，然后储存在冰箱里。

保留原包装

如果食品因某些原因被召回，保留原包装可以方便你查阅诸如批号、编号和保质日期等信息。如果食品被怀疑是猫咪疾病的诱因，这些信息将有助于排查。

每天清洁餐具

除了安全储存食品外，每天都要清洗餐具，保持猫咪的食盆、水碗干净。严格清洁餐具也是防止病菌从宠物传播给人类的有效措施。

亲手做健康猫食

如果决定为猫咪下厨，就需要认真研究下食谱，购买食材和制作的成本费用可能比购买市售食品还要高，而且猫咪一旦吃惯了主人做的食物，再吃市售猫粮可能很难适应了！

自制食物的优缺点

综合比较，自制食物的缺点多于优点。首先是工作量大；其次也不能保证营养均衡，因为给猫咪的食物不但要富含优质蛋白质，还要含有维生素和矿物质等多种营养物质。

缺点

1. 自制食物通常比高质量的市售食品要贵很多，且耗费时间。
2. 自制食物很难保证营养均衡，在大多数情况下，仅仅是添加了各种不同的食材。
3. 如果给猫咪吃未熟的肉，可能会增加猫咪及家人接触食源性疾病（如大肠杆菌、弯曲杆菌、沙门氏菌等）的风险，家中有小孩子或免疫功能受损的人，尤其要注意。

优点

1. 对某些食物过敏的猫咪，主人自制食物可以控制饮食的成分和来源。
2. 对于挑食的猫咪来说，新鲜的食物可能比干粮或罐头食品更有吸引力。

自制食物要全熟，严禁高盐、高糖

第一，正确挑选食材，避开猫咪不能吃的食物。第二，注意肉类、鱼类、蔬菜全部都要先加热再料理。不要给猫咪吃太多青皮红肉的鱼，如秋刀鱼、沙丁鱼、金枪鱼、鲭鱼等。第三，减少调味，健康猫咪可摄入少量盐，能一定程度上促进摄水量，但不能使用高盐、高糖的加工品。如果使用盐分较高的鲑鱼、小鱼干等食物，要过水去掉部分盐。第四，自制猫食一定要晾凉后再给猫咪食用。

猫饭菜单

三文鱼猫饭

原料：三文鱼 50 克，胡萝卜 30 克，柴鱼片适量。

做法：

1. 三文鱼用微波炉加热，切碎；胡萝卜洗净，切碎。
2. 将三文鱼碎和胡萝卜碎倒入锅中，加水没过食材，煮 3 分钟。
3. 盛出晾凉，撒上柴鱼片即可。

鸡肝、鸡柳条饭

原料：鸡蛋 1 个，鸡肝 20 克，鸡柳条 20 克。

做法：

1. 鸡蛋煮熟，切碎；鸡肝、鸡柳条煮熟，切丁。
2. 将鸡蛋碎、鸡肝丁、鸡柳条丁拌匀。

健康猫食的制作食材

1. **肉类、蛋：**牛肉、牛肝、猪肉、猪肝、鸡胸肉、鸡柳条、鸡肝、羊肉、蛋（蛋黄）等。
2. **鱼类：**鳕鱼、鲽鱼、比目鱼、鲔鱼、竹荚鱼、小鱼干（无盐）、柴鱼片等。
3. **蔬菜：**萝卜、南瓜、地瓜、芹菜、卷心菜、黄瓜等。
4. **乳制品：**宠物专用奶粉。
5. **其他：**豆类、植物油、鱼油等。

据说吃主人做的饭，猫拉屎不会那么臭！

猫咪挑食怎么办?

很多"铲屎官"可能会遇到以下情况:猫咪靠近刚装好的食盘,闻了闻,然后一口没吃就悄然走开了。为什么猫咪会拒吃平常吃的食物,开始变得挑食了?

为什么猫咪变得挑食了?

猫粮中的添加剂过多

最主要的原因就是之前的猫粮里面添加了大量的诱食剂,长期食用,猫咪就会沉迷于这种诱人的口味,除了这种猫粮,什么都不吃。所以,选猫粮时要注意,越是廉价低质的猫粮,越是会利用诱食剂拴住猫咪的胃口。

零食喂太多

猫咪就像小孩子,吃太多零食就会导致挑食、厌食以及营养不良。偶尔给猫咪吃一些它爱吃的零食可以增进你们之间的感情。建议在猫咪 2 个月大以后再喂零食,每周 2~3 次,记得要等猫咪吃过主食后再喂。

食物种类单一

生活在野外的猫咪不会只捕食同一种猎物,它们需要不同的食物。对于家猫来说,同样如此。如果日复一日吃同样的食物,可能会突然对其失去兴趣。所以,除了日常喂猫粮以外,还可以喂一些清水煮肉或者冻干等食物。

味觉疲劳

当成年猫完全适应一种食物后,与现有食物相比,常常会偏好新猫粮。给它更换新猫粮后,短期内会明显感觉猫咪的食量增加,但在它适应这种猫粮后,又会恢复成正常的进食量。由此可能给主人造成挑食的印象。

此外,猫咪发情,天气变化,有额外的食物来源,食盆摆放位置改变等都会影响食欲,不同情况应加以区别。

改掉猫咪挑食的习惯

从小就喂不同类型的食物

猫咪从小养成的习惯往往会贯穿一生，所以在它很小的时候，不要只喂一种类型的食物，尽可能地丰富它的饮食，让它接触到各种各样的食物。

可以在它能找到的地方放一些新奇的食物，既满足了猫咪的好奇心，也能让它接触不同的食物。大多数猫咪对饮食的多样性反应良好。

让食物更有吸引力

1 评估食物的营养质量，考虑是否需要为你的猫咪选择更健康的食物。

2 把猫咪喜欢的食物和希望猫咪吃的食物混合起来，然后按猫咪的营养需求逐步调整比例。

3 可以加几滴温水到干粮或罐头中，方便的话可以将猫粮微微加热，这样香味更浓郁，更能吸引猫咪。

4 不要轻易移动猫咪的食盆，猫咪一般更喜欢在室温下进食，所以不建议将食盆放在室外（如阳台等地方）。

如果猫咪厌食了

猫咪厌食症即食欲持续下降，不同于人类的神经性厌食症，猫咪厌食症是食欲不振的一个医学术语，也是许多猫科动物健康问题的临床表现。

猫咪厌食的原因

生理疾病

厌食症本身并不是一种疾病，但在住院的猫咪中最为常见，而患有某些疾病的猫咪可能会拒绝进食，造成健康问题恶化。例如糖尿病、肾病、脂肪肝、甲状腺功能亢进、胰腺炎、结膜炎、哮喘、发热、子宫积脓、肺炎等。

心理变化

猫咪是非常敏感的动物，外界的变化，如搬家、失去伴侣或家庭成员，都很容易让猫咪感受到压力，从而导致食欲不振。

成年猫咪，厌食持续24小时，健康就会受到严重影响。不到6周大的幼猫，12小时不进食，生命就会受到威胁。因此，如果发现猫咪拒绝进食，应该立刻送医，做一次全面的身体检查，包括实验室检查和成像检查。

除了检查猫咪的体重、体温、内脏功能等，还包括近距离观察猫的牙齿和牙龈，因为由牙齿疾病引起的疼痛往往是猫咪拒绝进食的直接原因。不论导致厌食症的原因是什么，首要任务是立即开展治疗，保证猫咪的营养摄入，同时寻找潜在的原因。

如何治疗猫咪厌食症

1 强制喂食。用一只手撑开猫咪的嘴，另一只手把较小、较软的食物放进猫咪的口腔。然后合上猫咪的嘴，直到食物被吞下，重复这个过程，直到所有的食物都被吃掉。

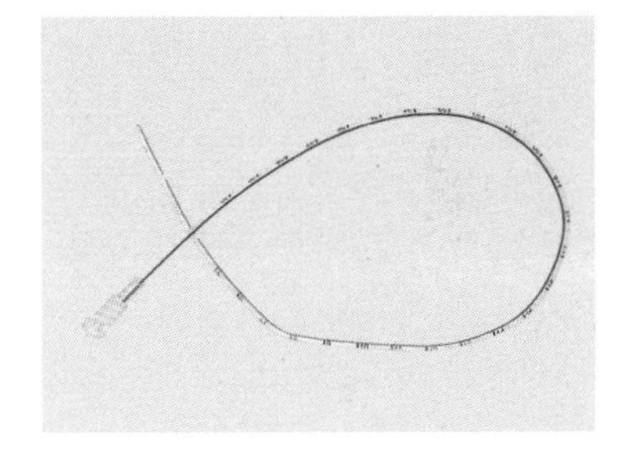

2 鼻饲管。使用植入的喂食管，将软化或液体的食物直接送入猫咪的消化系统。采取这种方法的好处在于，当猫下次自己进食时，它不会因为曾经被迫进食的经历而产生负面联想。

3 药物治疗。米氮平能刺激猫咪的食欲，还能缓解恶心的症状。

在发现猫咪有厌食迹象时，应立即咨询宠物医生，因为厌食基本都是疾病引起的。在寻找潜在病因过程中，要听从宠物医生提供的关于营养的所有建议。

一直都吃同一种食物，吃腻了！

太瘦吃不胖？增重这样做

许多人都希望自家猫咪长得胖一点，觉得猫咪胖嘟嘟的才可爱。可是有些猫咪就是怎么也胖不起来，体重也总是不达标，甚至一抱就可以摸到骨头，十分愁人。

吃不胖，很可能是生病了

体内有寄生虫

寄生虫会不断吸食猫咪体内的营养和血液，猫咪可能出现腹泻、呕吐、便血、毛发暗淡、频繁咳嗽等症状，不仅导致食欲减退，还会出现营养不良和贫血等现象，这种情况下自然怎么也吃不胖了。

肠胃功能差

猫咪肠胃功能差，无论吃多少都不能很好地吸收食物的营养，很容易出现营养不良的问题，这类猫咪很容易拉稀。

活动量大

幼猫一般体型都偏瘦，主要原因是幼猫比较好动，活动量很大，会消耗大量热量，所以猫咪基本是到了成年后才开始慢慢变胖。

猫粮劣质，营养不足

特别便宜的低端猫粮是用谷物制成的，没有添加肉类，猫咪爱吃是因为里面有许多添加剂，所以即使吃许多也很难获得充足营养。而且猫咪是很难消化谷物的，添加剂的危害也非常大。

体重持续下降，要去宠物医院检查

饮食的改变可以帮助猫咪增加体重，比如换一种更美味的食物，或者是不同口感的食物，都可能吸引它多吃些。另外，任何改变都要循序渐进，以避免造成猫咪肠胃不适。如果猫咪体重不断减轻，有必要让宠物医生对它进行全面的检查。

☐ 检查是否有健康问题

如果有潜在的健康问题需要治疗，仅仅通过改变饮食来提高猫咪的食欲将无济于事，必须就医。要和宠物医生讨论饮食进行什么样的调整，因为有些情况需要特殊的饮食。

☐ 定期驱虫

猫咪不是做过一次驱虫就万事大吉了。猫咪在家中生活，阳台的花盆、门口的地毯、主人的鞋底、未及时处理的残留食物、夏天常见的蚊子等，都有可能导致猫咪感染寄生虫。成年猫咪建议每月一次体外驱虫，每三月一次体内驱虫。

☐ 购买优质猫粮

如果猫咪的体重过轻，建议为它购买动物蛋白含量高的猫粮。选择高蛋白、低碳水化合物和无谷物的食物，避免给猫咪吃植物性产品或者保持最少的量。

如果是活泼好动，但是又不爱吃饭的小猫咪，可以为它提供高热量和高脂肪含量的食物。不过要注意量的控制，免得增肥期结束又要进入痛苦的减肥期。

拒绝"肥猫"称号！减肥大作战

造成猫咪肥胖的原因有很多，包括过度饱食、绝育、不活动以及患有内分泌紊乱等可能改变食欲及代谢状态的疾病。

肥胖容易引起疾病

虽然很多人觉得猫咪圆滚滚的很可爱，但是肥胖会给猫咪带来许多健康问题。

肥胖会导致猫寿命缩短。肥胖的猫与健康的猫相比，在中年（6~12 岁）死亡的概率高 2 倍。

肥胖的猫相关综合征的发病率及严重程度明显增加，如心血管疾病、高血压型糖尿病、非过敏性皮肤病、骨关节炎、肿瘤、尿道下段疾病（即尿结石及尿路感染）和肺通气不良综合征（由于胸腔挤压而引起的呼吸困难）。

肥胖还能使猫咪麻醉及手术的风险增加，降低繁殖性能（母猫更易难产），诱发脂肪肝，对炎热的耐受性降低等。

猫医生的小黑板

猫咪绝育后容易发胖

近年来大量的研究表明，摘除性腺可能是引起猫咪肥胖最为重要的原因，这是由于其改变了猫咪的热量需求及代谢水平。因此，摘除性腺后的猫咪，热量摄入需减少大约 30%，以防止出现肥胖。

你的猫咪超重了吗？

超重的猫咪通常被认定为体重比理想体重高出 15% 以上。肥胖的猫被认定为体重比理想体重高出 30% 以上。2~10 岁绝育的猫咪，消耗的能量较少，所以更容易超重。

理想体重的猫咪，应该是你轻轻抚摸猫的胸廓肋骨时，左右移动手掌，无需用力就能够感觉到它的肋骨；或者从上面往下看它的时候，你应该能清楚地看到它的腰围。

脊椎

理想体重的猫

用手能摸到在薄薄的脂肪覆盖下的骨架，但是看不到。

超重的猫

骨架被大量的脂肪沉积物覆盖，无法感觉到或看到。

腰部

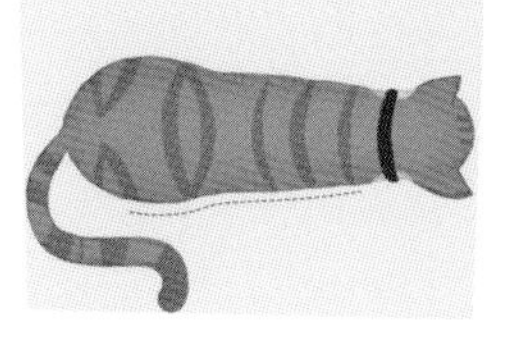

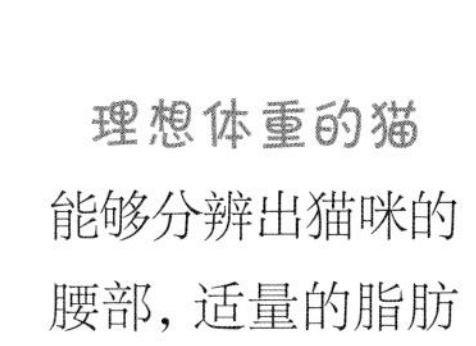

理想体重的猫

能够分辨出猫咪的腰部，适量的脂肪在肋骨之下。

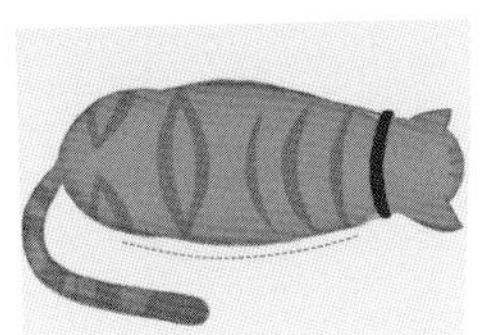

超重的猫

没有明显的腰身，其腹部可能会从肋骨后面凸出来。

腹部

理想体重的猫

猫咪的肚子没有下垂，比较紧实。

超重的猫

猫咪的肚子是圆的，甚至可能有一块脂肪下垂。

肋骨

理想体重的猫

肋骨上覆盖很少的脂肪，可以轻松摸到猫咪的肋骨。

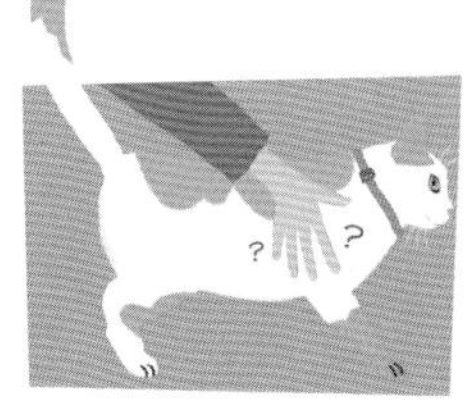

超重的猫

脂肪层很厚，很难甚至无法摸到猫咪的肋骨。

减少投喂，增加游乐设施

猫咪的减肥原则其实和人差不多，基本就是六个字：管住嘴，迈开腿。

循序渐进减少猫粮

猫咪是典型的少食多餐动物，千万不能无限量地供应猫粮，建议定量分次。另外，猫咪的食物应是低热量、低脂肪、高蛋白的，也可以选择专用的减肥猫粮。注意，要保证水的供应，保证水源干净卫生。控制猫咪食量的过程要循序渐进（每周减重3%以内是比较合理的），否则猫咪会出现一些行为问题，甚至患上疾病。

增加运动量，消耗多余脂肪

猫咪虽以灵活著称，却并非都很好动。可以根据猫咪的喜好，在家里增添不同种类的游乐设施（猫爬架、猫抓板等），或者多花一点时间陪伴它，和它玩游戏。家里的墙上装上高低错落的层板，角落里放上小箱子或猫洞，这样能满足猫咪对活动空间的需求，从而增加运动量，帮助消耗过多的脂肪。

不过，想想你减肥时有多难，猫咪减肥的过程就有多难。因为这个周期太长，很多主人容易放弃，而且觉得猫咪胖乎乎的很可爱。所以，如果真要减重，最好和宠物医生配合，制定科学的减重计划，毕竟能主动给猫减肥的主人，还是极少数的。

猫咪特殊时期的饮食

怀孕的猫咪需要摄入更多的营养来孕育肚子里的小猫咪，患病的猫咪需要通过饮食进行调养，所以在“吃什么”和“怎么吃”上面，肯定是有所不同的。

怀孕的猫咪：增加能量摄入

配种前饲喂高热量、营养均衡的食物

为了保证猫咪获取妊娠和泌乳所需要的能量，最好配种前就饲喂高热量、营养均衡的食物，例如主食罐头。禁止给怀孕的猫咪服用钙补充剂，否则可能会导致猫咪产后出现严重的高钙血症，而且猫也不会出现产后低血钙的情况。

喂食易消化的食物

如果猫咪配种成功，最迟在第 4 周就会出现明显的怀孕迹象。18 天之后，可以做超声波检查，查看怀有几个猫宝宝。母猫的食欲就会变得旺盛，需要额外补充营养，但是要注意不能给猫咪吃太多，也不要喂食不易消化的食物，防止腹泻和出血，从而导致流产。

少量多次喂食

变大的子宫会压迫到胃，母猫每次能吃下的食物分量会减少，喂食的次数大约每天 4 次。有些猫咪在妊娠初期和即将分娩之前吃得很少，如果这种情况一直持续，就要重视了。

保证妊娠后期和哺乳期的能量摄入

预计妊娠期间能量摄入比怀孕前高 40%。妊娠后期，猫咪的进食量和营养物质摄入量较之前平均增加 25%。

哺乳期的母猫根据产仔数量不同，进食量可为正常情况的 2~3 倍。

猫医生的小黑板

怀孕、哺乳期猫咪的饮食建议

①常备含大量蛋白质和脂肪且方便猫咪随时进食的食物。

②充分摄入叶酸和提高幼猫免疫力的维生素 C、维生素 E 等。

③喂食鱼油，补充大脑神经细胞合成所需的 ω-3 脂肪酸。

④补充对幼猫视网膜、心脏和生殖器发育很重要的牛磺酸。

患病的猫咪：及时求助宠物医生

当猫咪出现器官损伤或者代谢功能障碍时，可以通过药物配合饮食进行调养，尤其在患一些慢性疾病时，如糖尿病等，可能一生都需要控制饮食。不同的病症会有不同的食疗方案，需要求助宠物医生来制订科学的饮食方案。

呕吐：及时补水

如果短时间内，猫咪多次腹泻或者呕吐，可能是患了胃炎，首先要带猫咪去宠物医生那里，看是什么原因引起的。呕吐之后可以禁食，禁食时间根据呕吐的频率来定，但一般都不超过 2 小时，实际上大多数猫咪很少禁食。猫咪在腹泻或呕吐期间，一定要保证饮水量充足。

糖尿病：定时定量喂食

糖尿病是由于胰腺分泌的胰岛素不足或胰岛素抵抗造成的，肿瘤、基因缺陷以及肥胖都有可能使猫咪患上糖尿病。对于基因缺陷或肥胖引起的糖尿病，可以通过给猫咪注射胰岛素进行治疗；如果是肿瘤引起的，那就要先处理肿瘤，同时注射胰岛素。患糖尿病的猫咪饮食上要注意定时定量，具体咨询宠物医生。

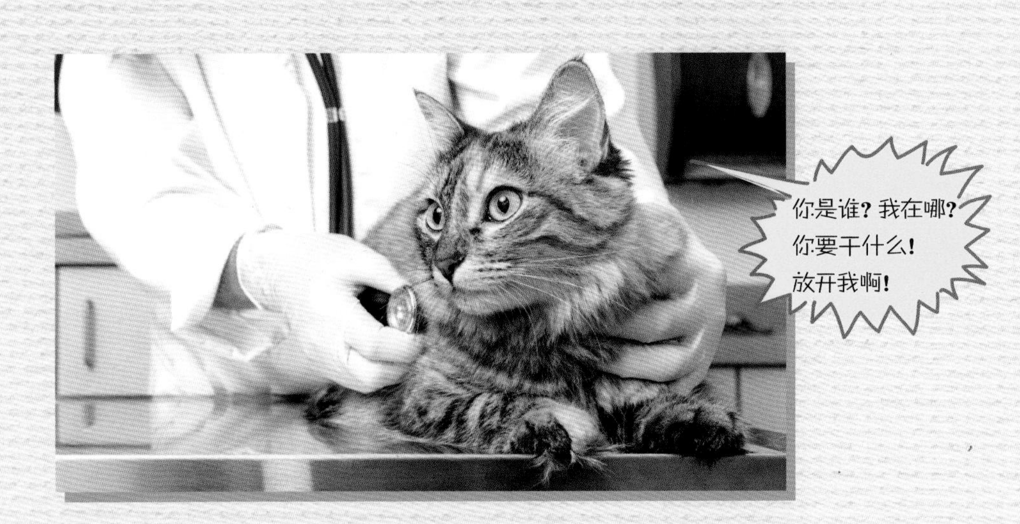

泌尿系统疾病：吃处方猫粮

年纪比较大的猫咪常患有泌尿系统方面的疾病，主要原因是猫长期不爱喝水，加之干粮饲喂，导致饮水量不足。肾脏长时间得不到良好的灌注，身体中的毒素不断累积，最终引起肾损伤，表现为肾衰竭。这种情况下，应该给猫咪吃蛋白质和磷含量比较低的食物，多吃一些富含钾和维生素的食物。最主要的还是要让猫咪多喝水，并在适当时引入处方猫粮和处方罐头。

绝育后的猫咪在 3~4 岁时，也更容易患上自发性膀胱炎，尤其是缺乏运动的胖猫咪。防治的关键还是要多饮水，如吃罐头、自制猫饭等。同时减少应激反应，让猫咪保持心情愉悦。

感冒：提振食欲

猫咪在感冒时食欲会下降，猫主人此时应尽量保证营养供给，可以选择喂罐头、宠物奶粉、营养膏等，不要饲喂刺激性食物。也可以稍微加工平时吃的食物，提振猫咪的食欲。

1 **加热。**猫咪的嗅觉灵敏，加热后的食物会更香，从而刺激猫咪的食欲，但要避免过烫。

2 **软化。**往干粮中倒入一些热水，泡涨后食物变软，猫咪更容易消化，味道也更加浓郁。

3 **增加味道。**将柴鱼片放入滤茶袋中，将滤茶袋放入保存食物的袋子中，食物便会有柴鱼片的味道了，能够增进猫咪的食欲。

自带黑色眼线，圆圆的
大眼睛，锐利帅气。
"捕猎能手"狸花猫

6 日常护理：让猫咪健康又漂亮

趾甲：每月修剪

猫咪趾甲太长不仅容易抓坏墙壁或者家具，而且容易折断，断甲可能会陷入肉球中。修剪趾甲的频率往往与猫咪的年龄有关，老年猫需要更频繁地修剪趾甲。和猫咪玩耍时要留心趾甲情况，定期（通常每月一次）帮它修剪趾甲。

如何选趾甲刀

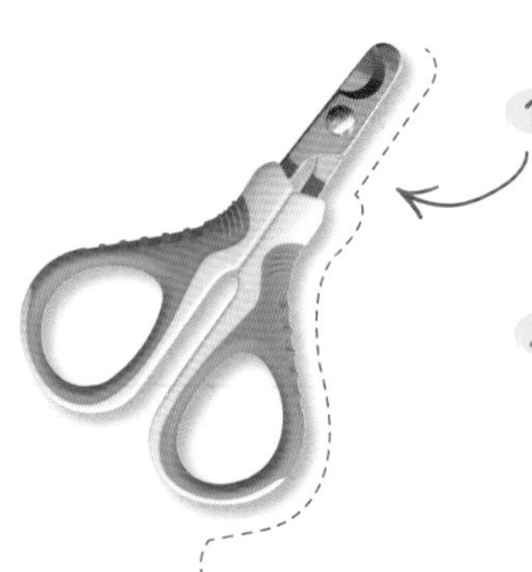

1 **剪刀式。**使用方法简单，适合新手。

2 **电动磨甲器。**能迅速完成修剪，减少猫咪的压力。

不要忘了剪“狼爪”

猫咪脚部内侧偏上部位有个趾甲，过长容易使猫咪卡在地毯、沙发上从而受伤。修剪方法与其他趾甲相同。

剪趾甲的步骤

1 让猫咪坐在主人腿上，从后面抱住猫咪。

2 按压趾头的根部和肉球，将趾甲压出。

3 剪掉趾甲前端 2~3 毫米的透明部分，一定要远离血管，在血线之前。

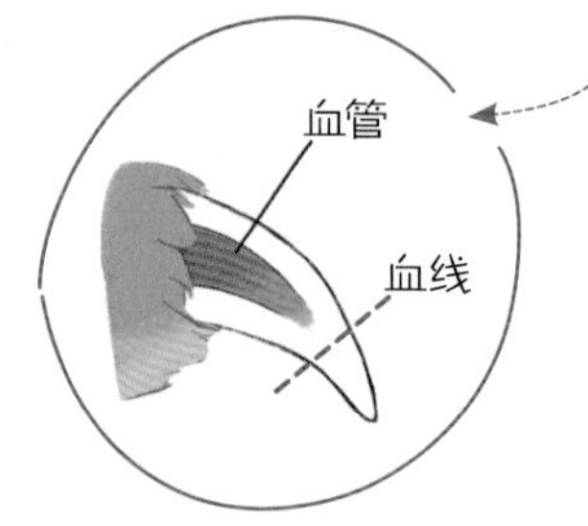

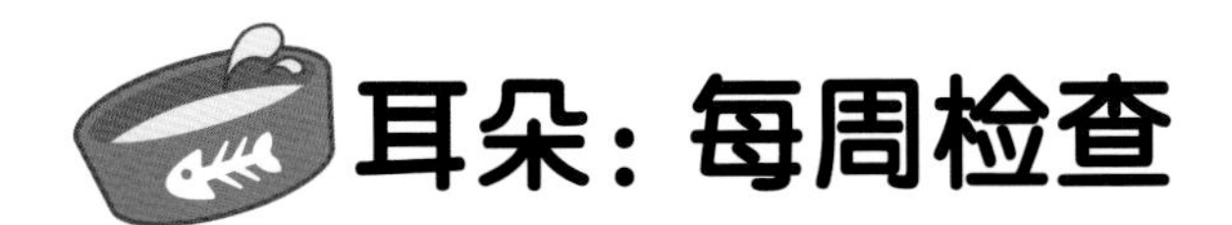

耳朵：每周检查

猫咪的耳朵是健康的“晴雨表”，如果有引发皮肤疾病的潜在因素，就很容易引发外耳炎。因此至少每周检查一次猫咪的耳朵，确认耳朵内侧是否发黑，有没有污垢等。如果出现污垢的频率过高，污垢较多或者耳朵里有异味、化脓等情况，要及时带猫咪去宠物医院进行检查。

清理耳朵的步骤

把猫咪的头倾斜到一边，固定住猫咪的脖子，角度没有具体要求，方便操作即可。

翻开耳朵，倒入常温洗耳液，不能确定用量的话，宁可多倒一点。

轻轻地将耳郭盖住，在耳朵底部揉捏 30 秒，可听到“叽咕叽咕”的声音。如果猫咪挣扎得厉害，动作可以加快一点，但是不要强迫猫洗耳。

揉捏完后松开手，让猫咪自己甩头，将耳道内的皮屑和洗耳液甩掉。

拿棉球或棉签把耳郭擦干净。

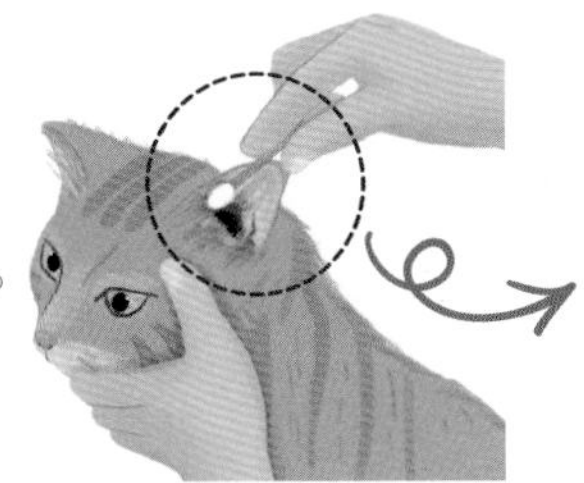

擦的不是耳道，是耳郭。

在猫咪清理耳朵之后，给予小零食鼓励，有助于与猫咪下次配合。

眼睛：每日观察清理

猫咪的眼泪或眼屎要及时清理，否则会在眼部凝结而难以去除，猫咪眼部的毛发也会变色，一般称之为“泪痕”。可以使用棉布等柔软的布料每日进行护理，还能够有效地预防眼部疾病，特别是加菲猫、波斯猫等具有“凹脸短鼻”特征的猫。

擦拭眼睛的方法

1. **擦拭眼头。**将棉布沾湿，一只手固定住猫咪的脖子，一只手用沾湿的棉布抵住眼头，朝眼头下方擦拭，不要来回擦拭。
2. **擦拭眼睛周围。**用棉布将眼睛周围仔细擦拭。

滴眼药水的步骤

滴药前后要洗手，以防止污染药物或交叉感染。一定要保持眼部药物涂抹器的尖端洁净，不要让它接触猫咪眼睛表面、眼睑或其他任何表面！

1. 在滴眼药水前，用蘸温水的棉布轻轻清洁猫咪眼睛周围。这可以让猫咪放松，让它做好用药的准备。
2. 最初几次滴眼药水的时候，可以让家人帮忙，轻轻地抱着猫咪或用毯子裹着猫咪。
3. 用惯用手的拇指和食指拿着眼药水瓶，保证迅速完成操作。

猫医生的小黑板　猫咪会哭吗？

猫咪是否会由于心情差而流泪，暂时还没有研究证明，猫咪流眼泪可能有以下原因。

①眼睛进异物。不用太担心，通常是睫毛、灰尘等。这种情况流泪只持续一会儿。如果持续一天以上，那就该看宠物医生了。

②泪管阻塞或泪溢。鼻泪管位于眼睛内侧，可使眼泪流到鼻子内。当它阻塞时，就会有过多的眼泪溢出来。泪管会因不同的问题被阻塞，如感染、睫毛内长或擦伤等，但在猫咪中并不多见。

③过敏。除了咳嗽、打喷嚏外，过敏也会引起流泪。猫流泪是否由过敏引起无法自行判断，如果觉得情况反常，建议先用生理盐水清洗，如无改善再带猫咪去做检查。

④感染。如果猫咪的泪液是黄色或绿色的，一般是感染问题，要尽快带猫咪就医。

4 将另一只手放在猫咪的头顶以保持稳定，并用拇指拉起猫咪的上眼睑。

5 将瓶子靠近眼睛，但不要接触到眼球表面。

6 将规定数量的眼药水直接滴在眼球表面，然后松开猫咪头部。

用药后，猫咪眨眼或用爪子抓眼睛是很常见的，建议戴上项圈。如果这种情况持续，或者用药后眼睛红肿或发红的情况更严重，立即咨询宠物医生。

牙齿：每日清洁，口气清新

猫咪的口腔卫生很容易被忽视，而且猫咪自己无法顾及。如果置之不理，容易引起牙周病。从幼猫时期，就要开始让猫咪习惯清洁牙齿，可以使用牙刷、刷牙布或者潮湿的纱布，充分地清洗猫咪口腔内的污垢。

刷牙的步骤

1. 选择一个安静的地点，将猫咪放在膝盖上或桌子上。
2. 用棉签蘸取猫咪爱吃的罐头的汁涂到猫咪牙齿上，让它放松下来。
3. 把猫咪的头上抬 45° 角，轻轻地上拉它的嘴唇，检查口腔内部（牙龈、牙垢等）是否异常，是否有口气。
4. 轻轻地把牙膏抹在牙龈和牙齿接触的地方。
5. 用湿棉棒从臼齿开始刷洗。
6. 慢慢地刷牙，尤其要注意犬齿和门齿，这是牙垢容易附着的地方。

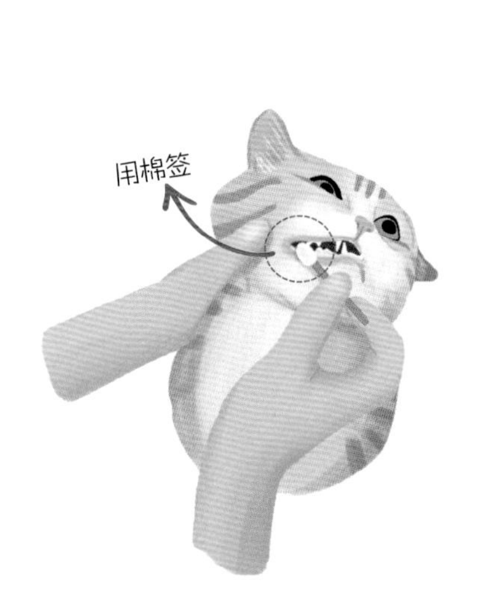

勤护理，防治牙周疾病

猫咪口腔中有大量的细菌，在牙齿表面生长尤为旺盛。如果不刷牙或者不护理，牙菌斑就会像薄膜一样附着在牙齿上，随着时间的推移，牙菌斑就会变厚变硬，造成细菌大量繁殖，引起牙龈炎或牙周病，所以要定期对猫咪进行口腔护理。

☐ 日常用猫咪专用牙膏或者凝胶之类的用品刷牙。

☐ 可以辅助使用含有洗必泰成分的口腔喷剂。

☐ 如果有牙结石，要定期到宠物医院进行专业牙齿清洁。

☐ 情况严重的猫咪，或已经发生感染需要使用抗生素治疗。

如果发现猫咪的口气明显比平时重，且持续时间长，猫咪就可能存在潜在健康问题，需要去宠物医院进行检查（如肾病、糖尿病、胃肠疾病等）。

帮助猫咪更好地度过换牙期

人有换牙期，猫咪也一样。如果四五个月大的小猫突然不爱吃东西，到处乱咬，这时候可以轻轻掰开猫咪的嘴巴，看看犬齿部位的牙龈是不是略微发红，如果是的话，就是要换牙的征兆。

1. 提供一些易嚼的食物，能够减轻换牙期进食的疼痛，保护新生的牙齿。
2. 多多观察牙齿脱落的情况，如果新牙长出来，旧牙却还没掉，会造成咬合不正或者双排牙，这就需要宠物医生的帮助了。
3. 换牙期的猫咪脾气不好，还会咬东西，这时候可以多给它添置一些洁齿玩具。
4. 猫咪的乳牙非常细小，不小心就会吞到肚子里，主人多留心，尽量不要让猫咪把乳牙吞下去，虽然吞食乳牙对健康没有太大影响，但也要以防意外发生。
5. 猫咪换牙前应该有 26 颗牙，换牙后上下都会多出 2 颗臼齿，变成 30 颗。

鼻子：扁鼻猫重点护理

有些猫咪鼻子上总是会有黑黑的鼻屎，这些干硬的黑褐色鼻分泌物来自泪液，即眼泪由眼睛流到鼻子后，干涸凝固成鼻屎。当空气变得干燥时，鼻涕更容易堆积，特别是波斯猫、加菲猫这类扁鼻的猫咪。

清理步骤

1. 将猫咪放在膝盖上，横着抱，抓住前脚，固定身体。
2. 取一些沾湿的棉球或棉布，从鼻孔边缘朝外侧轻轻擦拭。擦拭时，猫咪会因为接触到湿棉球而变得紧张，要及时安抚它。
3. 鼻屎严重的话，分泌物粘在鼻子上时，要先用盐水将分泌物沾湿，不要用手硬剥，否则容易对猫咪造成伤害。

下巴：重视“黑下巴”

猫咪进食后容易将食物残留在下巴上，但它们又无法清理到自己的下巴，因此需要主人帮忙。此外，下巴的皮脂分泌旺盛时，容易形成粉刺甚至脓肿、感染。黑下巴的治疗应视情况而定，轻者主人可自行处理，重者要及时就医。

下巴的日常护理

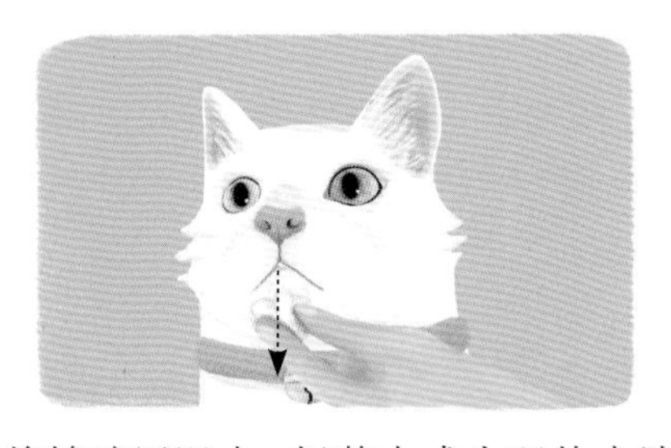

1. 将棉球用温水、绿茶水或生理盐水沾湿，顺着下巴毛的生长方向擦拭，将留在下巴上的食物残渣擦掉。

2. 长毛猫可以先用毛巾擦拭，再用密齿梳轻轻地将残留物梳理掉。

肛门腺：10 岁以上要留心

肛门腺是位于肛门括约肌里面的囊袋状的腺体，以肛门为一个圆形来说，大约在肛门的五点钟和七点钟方向的位置各有一个腺体。腺体会分泌带有臭味的分泌物，形成猫咪独特的气味记号，起到个体间的识别或者保护作用。

不需要挤肛门腺

首先，猫咪在大便的时候，肛门括约肌的收缩就会挤压肛门腺，而猫的肛门腺括约肌是很发达的，所以正常情况下是不需要挤的。其次，当猫咪受到强烈刺激的时候，肛门腺同样会受到挤压，所以不用总是想着要给猫咪挤肛门腺。

重视肛门腺疾病

最开始，肛门腺里面积存的是液体，慢慢地由于各种原因造成肛门括约肌收缩无力或者不收缩，导致分泌物变得黏稠，甚至出现半固体或者固体内容物，造成堵塞，然后发炎，破溃糜烂。近年来猫咪因肛门腺问题就医的情形有所增多，以下情况可能需要就医。

1. 绝育后生活安逸舒适的肥胖猫咪。除了会长胖，肛门腺收缩频率也会减少。主人可以触摸肛门腺是否有硬物，有硬物就需要及时就医。

2. 10岁之后是猫咪肛门腺疾病高发的年龄段。平时在家可以触摸检查，体检的时候也可以请宠物医生触摸检查。

3. 猫咪喜欢用屁股磨地板，或者经常舔舐肛门。

4. 猫咪肛门周围出现肿块或者溃烂。

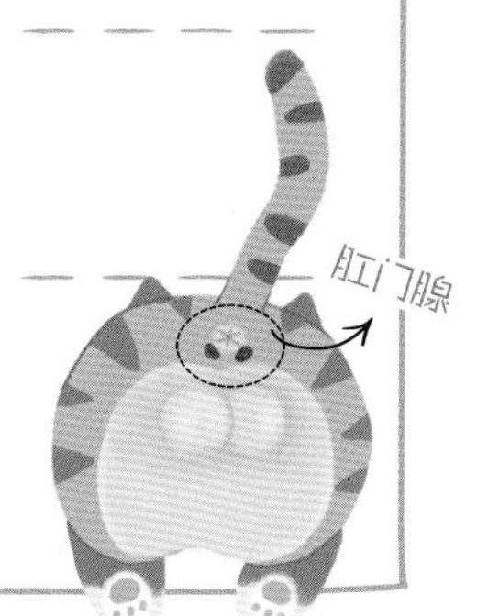

毛发：定期梳理更有光泽

梳毛可以让猫咪的毛发更有光泽，并且有按摩皮肤、促进血液循环的效果。给猫咪梳毛应先从身体开始，如果直接从脸部开始，猫咪会十分惶恐，事先可以喷些顺毛剂或者清水，能防止静电或者毛发乱飞，但是别喷太多，以免引发猫咪皮肤炎症。

短毛猫三天梳一次

合适的梳毛工具

橡胶材质的梳子可以顺毛并梳去掉毛，毛量较少的猫咪可以选用细目的梳子。

能够有效梳开打结的猫毛，梳毛完成后也很容易清理毛发。

梳毛步骤

1 背部→腰部→臀部→尾巴

顺着毛发生长方向，用橡胶梳从背部向下半身梳。梳尾巴时先将手打湿，从尾巴根部抚摸至前端。

2 胸部→腹部

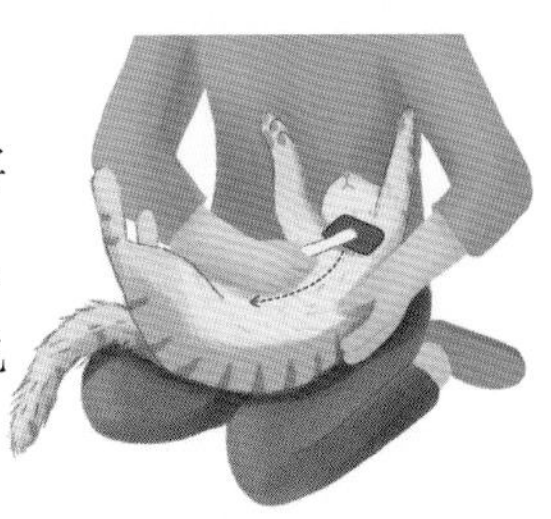

怀抱着猫咪，用橡胶梳将猫咪胸部的毛往腹部梳过去，要轻且快速地将毛梳完，以免猫咪反抗。

3 脸部周围

从脸部中心向外梳，避免梳子戳到猫咪的眼睛。

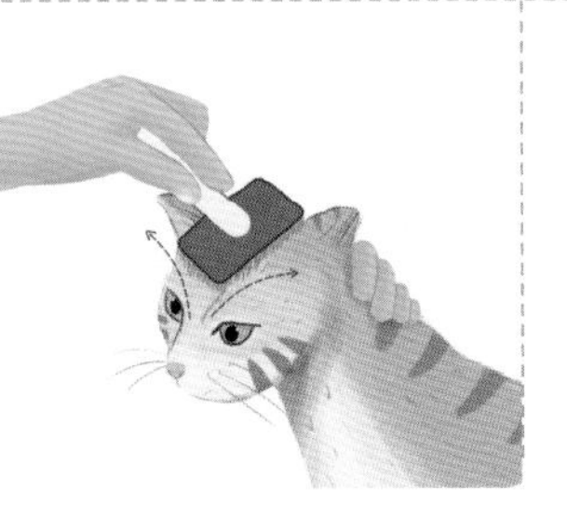

4 用排梳做最后的整理

最后用排梳理顺猫咪全身的毛即可。

长毛猫两天梳一次

合适的梳毛工具

能够顺毛并且梳去掉毛。如果发现购买的圆柄梳经常把猫毛梳断，建议重新购买。如果想要将掉毛彻底梳下，则需要使用针梳。

能够有效梳开打结的猫毛，梳毛完成后也很容易清理毛发。

梳毛步骤

1 背部→腰部→臀部→尾巴

顺着毛发生长方向，用梳子从背部开始，一直梳到下半身。梳理尾巴时，从尾巴根部梳到前端。

2 大腿内侧→胸部→腹部

抱着猫咪，梳大腿内侧的毛，再将胸部的毛往腹部梳过去，如果猫咪反抗，就先暂停，不要强迫它。

3 腋下→前脚

将前脚抬起梳毛。这里的毛发最容易打结，因此要谨慎梳理。

4 下巴→胸部

抬高猫咪下巴，从上往下梳理。

5 脸部周围

从脸部中心向外梳，顺着毛发生长的方向。中心部位用排梳梳理，避免戳到猫咪的眼睛。

6 用排梳做最后的整理

最后用排梳理顺全身的毛，并确认是否还有未梳开的毛发即可。

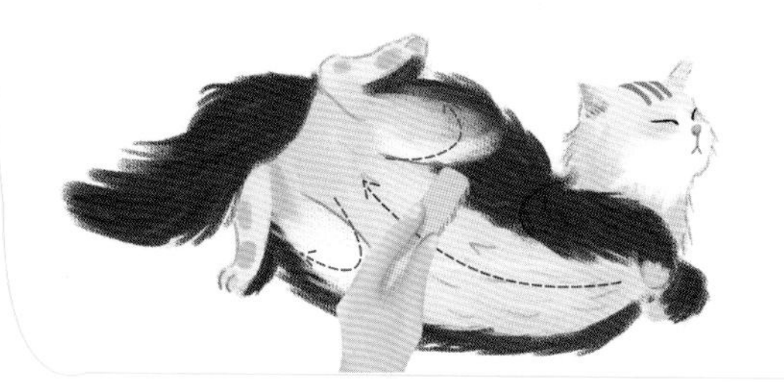

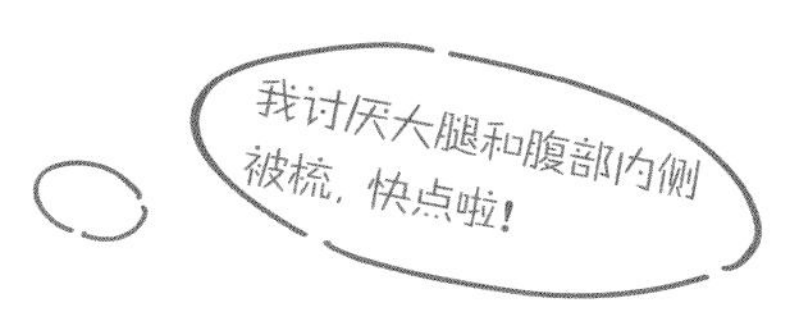

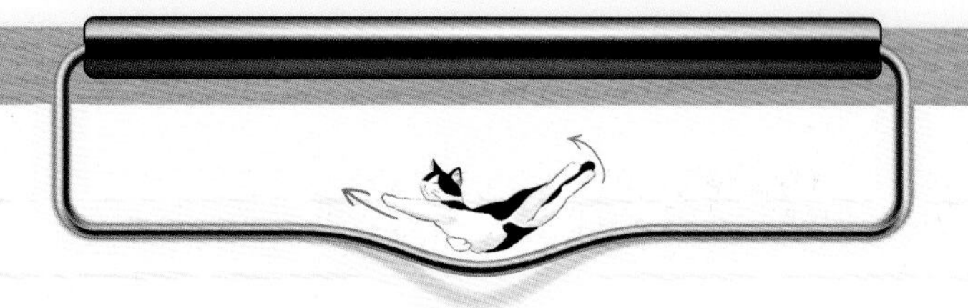

解决打结和毛球

梳毛动作不能粗暴

在给猫咪梳毛时，遇到毛发打结千万不能硬扯，否则猫咪的皮肤容易被扯伤，从而引起皮肤炎症。应该单手压住毛发根部，另一只手用排梳从毛发前端一点一点地梳开。如果打结得实在太厉害，就用剃刀或者其他工具剪掉。总之，平常多给猫咪梳毛，既能增进感情，打结问题自然也解决了。

解决毛球症的三个方法

猫咪在理毛时，经常会吃下脱落的毛，导致猫毛积聚在肚子里。多数的猫毛会随着粪便一起排出体外，不过仍有不少会留在猫咪的胃里。虽然大多数情况下，猫毛累积到一定程度后，会被猫咪排出体外，但是猫咪过度舔舐（如有皮肤疾病）或在换毛季节，还是要注意毛球症。

1 经常用梳子梳理毛发，避免猫咪吃下脱落的毛。

2 市面上有专门用来清除毛球的化毛膏，也可以向宠物医生咨询是否需要使用。

3 家里摆猫草，方便猫咪自行取用，猫草叶子的尖端能够刺激胃部从而催吐。不过有的猫咪会吃猫草，有的不吃，甚至有些猫食用后呕吐导致食道炎。个人建议可以试试看，如果猫咪爱上吃猫草，则完全没问题，否则不要用这种方法。

按摩：提升猫咪的幸福感

让猫咪适应抚摸的最佳时段是幼猫期，从 2~3 周龄开始，规律地触摸不仅能帮助猫咪生长发育，还能使其成长为喜欢被人类爱抚的猫咪。注意按摩前去抱猫时，不要让猫咪四脚朝天，尽可能竖立抱，一手置于前肢腋窝下方，另一只手置于后躯之下。

耳朵

猫咪自己无法清理耳朵。用大拇指和食指，以揉搓耳朵的方式按摩，耳背则以抓挠的方式抚摸。

下巴、脖子

猫下巴和脖子后方都有容易感到瘙痒的腺体。如果猫咪看上去很痒，可以稍微大力一点帮它。

脸部

在幼猫时期，猫妈妈经常舔小猫崽的脸，猫咪非常享受这个过程。可以顺着猫咪脸部毛发生长的方向轻柔地抚摸。

背部

顺着猫咪背部毛发的生长方向缓缓地抚摸，到近尾巴根部停住。

洗澡：半年一次足够了

洗澡前确认

- ☐ 猫咪的身体状况。排泄异常、食欲下降和不太有活力时避免洗澡。
- ☐ 猫咪的趾甲。帮猫咪剪趾甲，防止洗澡过程中被猫咪抓伤。
- ☐ 梳毛。先将猫毛梳开再给猫咪洗澡，整个过程将更加顺利。
- ☐ 浴室温度。尤其是冬天，确保室内温度合适。
- ☐ 准备猫咪专用沐浴露。猫咪与人的皮肤的 pH 值不同，不要使用人用的洗发水或沐浴露。

洗澡的步骤

大部分猫咪都非常怕水，可以先把猫咪的四肢浸到热水中，让它慢慢适应，逐渐消除恐惧感。

1 淋水顺序：脚→背→头

水温：35~37℃

注意：不要让水进入猫咪的耳朵，以免造成外耳炎。

2 下半身清洗顺序：腰部→腹部→后脚→臀部→尾巴

注意：清洗臀部时要将尾巴抬高。

3 上半身清洗顺序：背部→前脚→胸部

注意：长毛猫要格外仔细搓揉。

4 头部清洗顺序：脖子→脸部

注意：不要将泡沫弄到猫眼睛里。

5 全身冲洗顺序：脸→臀部

注意：水压不要过大，不要有遗漏。记得抬起猫咪的脚，冲洗脚底。

6 用毛巾擦干后，用吹风机吹干，最后梳理毛发

注意：从臀部开始吹，吹风机的温度不要超过 37℃。不建议将猫咪放在金属笼子里用热风吹，容易烫到猫咪。

什么时候需要药用沐浴露？

皮肤细菌感染。轻微的皮肤感染可以只用抗细菌的沐浴露，而更严重的感染通常需要抗菌沐浴露和口服抗生素相结合。

皮肤酵母菌感染。这种感染通常用抗菌沐浴露治疗。

皮肤过敏。造成猫咪过敏的原因一般有三种，即食物、环境和寄生虫。如果是食物引发的过敏，药浴的同时需要配合使用低过敏处方粮；如果是环境或者寄生虫引起的过敏，洗澡会有一定帮助，但寄生虫引发的过敏还需要配合抗寄生虫的治疗。

总的来说，即使是在没有感染的情况下，药用沐浴露也可以帮助猫咪缓解或治疗过敏。这些沐浴露通常含有缓解皮肤炎症和瘙痒的成分，同时也有助于减少皮肤和毛发上潜在的过敏原。

如何给猫咪药浴？

1. 用温水彻底冲洗猫咪。如果猫咪身上很脏，就先用非处方沐浴露洗一遍，清除污垢和浮毛。
2. 将药用沐浴露涂到病情最严重的部位。这些区域通常是下巴、爪子、腋窝、腹股沟，还有肛门周围的区域。
3. 将药用沐浴露涂抹到猫咪身体其他部位。
4. 轻轻按摩，等待 10 分钟（或宠物医生规定的时间），使沐浴露完全渗入猫咪的皮毛。
5. 到时间后，彻底用水冲洗干净。
6. 用毛巾擦干后用吹风机将毛发完全吹干，将猫咪置于温暖的环境中，预防猫咪感冒。

盯！
美美的S形曲线美！
我是优雅的
英国短毛猫。

7 健康管理和常见疾病

健康管理

健康管理的目的是预防猫咪生病，而定期做健康检查有助于提早发现疾病。减少疾病的发生，能有效延长猫咪的寿命，并让猫咪在老年期还能维持良好的生活质量。

四季照料

现在大部分猫咪都是在室内饲养的，为了让猫咪在一年中都活力满满，不同的季节，健康管理要点也不同。尤其是老年猫，更容易受环境影响，最好保持室内环境的稳定。

春季

1 换毛期要勤加清理毛发

猫咪一年四季都会掉毛，如果家里养的是长毛猫，一周内要多次为它清理毛发，如果是短毛猫，至少也要三天清理一次。

2 迎来发情期

天气渐暖，猫咪的身体也会变得相对稳定，未绝育的猫会迎来发情期，如果不想你的猫跟别的猫“私奔”，尽量不要让它出去。

3 预防寄生虫

气温上升，跳蚤等寄生虫也开始活跃，不要让在室内饲养的猫咪外出，做好预防工作。

夏季

1 注意食品卫生

高温多湿的天气容易引起食物中毒，注意食物的保质期，猫咪的食盆每次使用后要及时清洗。

2 关注猫咪的皮肤状态

此时跳蚤最活跃，要关注猫咪皮肤的状态，一旦发现跳蚤就要进行彻底驱除并清扫室内。

3 预防猫咪中暑脱水

如需外出，猫咪要被单独长时间留在家里，要想办法保证室内凉爽，并准备好充足的饮用水，以免猫咪中暑。

冬天不要因为嫌臭，把猫砂盆放在阳台上，我怕冷，不敢去上厕所，会憋坏的……呜呜呜……

秋季

1 换季易感冒

夏秋交替，猫咪易感到不适，比如食欲不振、流鼻涕、咳嗽、眼睛的分泌物多等，一旦情况严重要及时就医。与春天一样要勤于清洁、梳理猫咪毛发。

2 小心肥胖问题

天气凉爽了，猫咪的食欲也增强了，不要喂过多的食物。

3 稳定室内温度

气温下降，空气干燥，猫咪的抵抗力下降，稳定的室内环境，尤其是温度，能让猫咪少生病。营养方面可补充赖氨酸和乳铁蛋白。

冬季

1 尽量少出门

冬天猫咪想出去，最好带上猫包，确保它有一个庇护所，如果气温太低就不要出门了。

2 保证家中温度适宜

给猫窝增添保暖的被子，提供一个温暖舒适的睡眠场所。

3 及时检查屋外和车库

确保猫咪没有被锁在屋外。

4 多和猫咪玩耍

让猫咪动起来，防止冬天长胖太多。

定期去宠物医院体检

猫咪出现任何异常情况都应该联系医生，但是早治疗不如早预防，不要等出现症状才关注。如果存在以下情况，说明自家猫咪的健康可能有“猫腻”，需要去宠物医院体检了。

1. **距上一次体检超过 1 年。**预防性护理检查每年至少进行 1 次，老年猫和患有慢性疾病的猫需要更频繁地进行检查，具体以宠物医生的指导为准。
2. **体重反常地增加或减少。**定期记录猫咪的体重是个好习惯，一段时间内的体重变化是猫咪营养和健康状况最直接的体现。
3. **便便问题。**当你铲起猫咪的便便时，观察猫屎的数量、稠度和颜色。如果某段时间突然发生变化，就要注意是否是健康出现了问题。
4. **饮食变化，没有食欲或过多饮水。**如果猫咪 24 小时没吃东西且精神不振，需立即就医。
5. **口臭。**牙周病被认为是 3 岁以上猫咪最常见的疾病。如果猫咪有牙齿或牙龈疼痛、牙垢、牙龈炎或者嘴里有臭味，需立刻去医院就诊，应该对猫的牙齿进行专业的清洁。
6. **睡眠习惯变化。**比如晚上“话变多了”，或者白天睡得更多，或者随地大小便等。猫咪的行为或习惯发生了一些变化，甚至是微小的变化，都有可能是健康出现问题的迹象，所以要及时联系宠物医生。

猫咪基本生理指标正常值

体温	37.8 ~ 39.5℃
呼吸次数	16 ~ 40 次 / 分钟
心跳	140 ~ 240 次 / 分（幼猫） 120 ~ 200 次 / 分（成年猫）

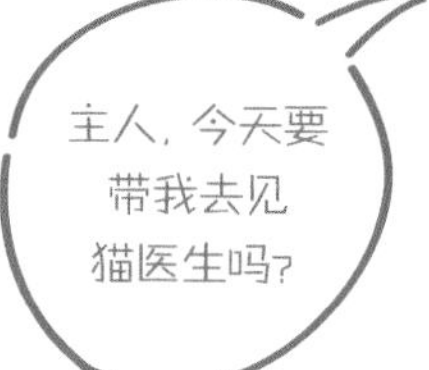

选择宠物医院的要点

查看证件是否齐全

宠物医院需要有至少 3 位注册宠物医生，加上投资百万元的仪器设备；宠物诊所需要 1 位以上注册宠物医生，投资不少于 10 万元。不管是给宠物还是给人看病的医生，都需要具备职业资格。

布局是否合理

宠物医院应该具备单独通道进出，也就是说，如果带有宠物美容服务的医院，是需要两个单独门面的。

室内布局最起码由以下功能区组成：前台接待区、诊室、化验室、药房、医学影像室（包括 B 超和 DR）、住院室、隔离室、手术室和消毒清洗室等，这些功能区应该都是隔开的。其中的住院室，狗和猫也是分开的。

设备是否完备

宠物医院常规设备主要为血常规、生化等检查设备，DR（数字化 X 射线）影像系统、B 超，吸入麻醉机、吊塔式无影灯等。这些是宠物医院需要具备的一些基础设备。

医生的执业技能

我国还没有开设专门培养宠物临床医生的专业课程，很多技能都需要从业者毕业后在实践中获得，能坚持下来做临床的人非常少。一个有经验的宠物医生，要有 5~8 年的临床实践，而且还要经过相关的培训。

口碑

口碑这种事，朋友推荐是比较靠谱的。如果是网站评论，不要轻信好评，许多都不靠谱。

疫苗接种

疫苗有助于预防由某些病毒和细菌引起的特定传染病。它们刺激身体的免疫系统，并让机体“记住”它，以便机体能够在未来必要时再次对抗感染。不接种疫苗的猫咪就跟不装杀毒软件的电脑一样，都属于“裸奔”行为，时刻面临“中毒”危险。

必须接种的疫苗

猫疫苗有以下几种：猫三联（针对猫瘟病毒、杯状病毒和疱疹病毒）、猫白血病、猫艾滋病、猫传染性腹膜炎、狂犬病。而第一次接种的就是猫三联和狂犬病疫苗。

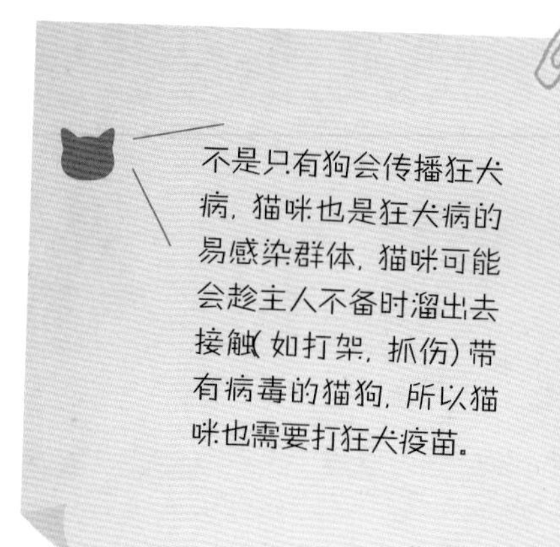

什么时候接种疫苗？

接种疫苗的起始月龄为 2 个月，且要满足以下条件才能接种。

1. 精神、食欲很好，猫咪非常活跃。
2. 大小便正常，千万不能有呕吐、腹泻的情况。
3. 刚接回家的猫咪要在家养满 7~10 天。

猫三联一共要打 3 针，从疫苗接种第一天开始，接着每隔 21 天就要打一针。当猫咪在 3 月龄以上时，就可以打狂犬病疫苗了。

身体好的时候才能打疫苗！

猫医生的小黑板　疫苗接种 5 天后起效

猫的免疫系统发挥作用需要一段时间，所以接种后不会立马起效。一般接种 5 天后才有预防疾病的效果，接种后 14 天是产生抗体的高峰。有条件时最好检测下猫咪身体内疫苗抗体水平，以确定免疫是否成功。

一般来说，疫苗对猫咪的保护是不固定的，有时候不会超过 12 个月，而有时候一次成功的免疫，产生的保护可以持续 2~3 年。有条件的话可以进行抗体滴度测试，来检查猫咪对核心病毒的抗体水平，及时重新接种疫苗。

疫苗接种有风险吗？

风险一： 虽然非常罕见，但猫可能会对疫苗产生过敏反应，可能会出现荨麻疹，瘙痒，眼睛、嘴唇和脖子发红、肿胀，以及轻度发热等症状。严重的过敏反应可能导致呼吸困难、虚弱、呕吐、腹泻和牙龈苍白。

风险二： 猫咪可能会因为疫苗长肉瘤，如果疫苗接种点附近的肿胀持续超过3个月，尺寸大于2厘米，或注射1个月内持续增大就要及时就医。

风险三： 猫咪接种的疫苗可能无效。

猫怀孕了能接种疫苗吗？

最好不要！任何疫苗成分都可以通过胎盘造成胎儿缺陷或导致胎儿死亡。一般来说，在怀孕或哺乳期的动物应该避免使用任何药物或接种疫苗。

打完疫苗可以给猫洗澡嘛？

不建议洗澡。刚打完疫苗的猫，身体状态不是很稳定，有些猫咪还会出现食欲下降、精神不佳的情况。此时洗澡更易加重不适，建议注射后主人加强观察，2周后再洗澡。

没有按时接种怎么办？

以猫三联为例，第一针疫苗或多或少会启动免疫系统，随后的疫苗接种会增强免疫反应。如果与第一针疫苗接种的时间间隔超过21天，免疫系统就不再是“启动”状态，随后的疫苗接种将不会有太多的免疫反应，免疫效果也会减弱。

如果幼猫的两次接种间隔时间超过2个月，或接种情况未知，应间隔3周接种两次（但这种情况不适合狂犬病疫苗接种）。

接受糖皮质激素治疗会影响疫苗效果吗？

糖皮质激素具有抗炎、抗毒、抗过敏等作用，猫咪短期和低剂量使用糖皮质激素，如强的松，可能不会影响疫苗的有效性。

然而，使用高剂量糖皮质激素和其他免疫抑制剂的动物可能对疫苗没有充分的反应，而且可能会增加接种后产生不良反应的风险。

驱虫：室内猫也要预防寄生虫

很多猫主人会问，在家里养猫，房间很干净，也要驱虫吗？答案是肯定的！寄生虫可以通过多种方式威胁到猫咪，因此室内养猫也需要预防寄生虫。

常见寄生虫

种类		感染症状
体外寄生虫	跳蚤	草丛、带虫动物是跳蚤的主要传染源。被跳蚤叮咬后常引起抓挠、皮炎等。
	虱子	引起猫咪不安，有时皮肤出现小出血点、小结节，甚至化脓、感染等。
	蜱虫	引起猫咪痛痒、不安。
	螨虫	螨虫常引起猫咪抓耳、摇头，痒感剧烈，外耳有棕褐色分泌物。螨虫还会造成猫皮肤上出现明显的红斑、水疱等。
体内寄生虫	蛔虫	蛔虫在6个月大的小猫中尤其常见，会导致腹泻、发育不佳、皮毛质量差。当蛔虫进入胃部时，偶尔会导致猫咪呕吐。
	钩虫	寄生在十二指肠内，又称"十二指肠虫"，感染后导致动物带血腹泻、身体虚弱、脱水、贫血等。
	绦虫	猫咪腹痛、肠腔堵塞、肠扭转甚至破裂，还可能出现呕吐、厌食等症状。
	心丝虫	猫咪可表现为咳嗽、心悸、呼吸困难、贫血，最严重的可能会导致死亡。
	弓形虫	无法靠驱虫避免，需要注意环境卫生，不吃生肉。调整猫咪的生活习惯，如有感染，及时带去医院诊断、治疗。

夏天如何使用驱蚊虫产品？

因为蚊香类驱蚊虫产品里面大多含有除虫菊酯或者拟除虫菊酯，虽然含量不高，但是都有一定毒性，安全起见，建议将此类产品放置在猫咪碰不到的地方。使用时可以将猫咪单独隔离在一个房间，然后在没有猫咪的房间使用蚊香类驱蚊虫产品，关窗使用 4~6 小时，然后通风即可。

如何选择驱虫药?

市场上的驱虫药品牌不少，需根据不同药品的规定用法来选择和使用驱虫药。

猫咪驱虫药

使用方法	药品种类	
	外驱药	内驱药（推荐）
方式	药浴、滴剂、喷剂、片剂、项圈等。	滴剂、口服片剂(口服效果更好些)。
最小使用年龄（不同药品，最小使用年龄不同）	2日龄。	6周龄。
给药频率（具体频率遵医嘱）	①一般1个月1次。 ②流浪猫/身上有严重寄生虫感染的猫咪半个月用1次。	①预防性、单纯的内驱药3个月1次。 ②内外同驱药使用频率为1个月1次。
给药剂量	体重不同，规格不同，用药前先称体重。	
注意事项	外驱药通过皮脂腺吸收，需拨开猫咪颈背部的毛，滴在皮肤上，如果滴在毛上会降低药的有效吸收率。建议滴在颈背部，不容易被猫咪舔舐。	口服片剂，先看猫咪是否愿意跟着罐头食物一起吃下去。如果不吃，需要使用喂药器，或者徒手塞进猫咪嘴里，喂药后记得喂水。

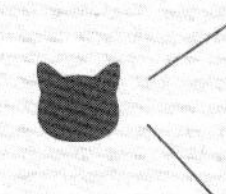

驱虫后不建议很快就洗澡（除非用特定的一些产品），因为有些外用药的吸收能力是受皮脂影响的。

绝育：建议在1岁前完成

要不要绝育，主要取决于猫主人，从猫咪健康角度讲，还是应该绝育的。很多人会说猫咪做绝育手术很可怜，很不人道，真实情况是，在猫咪第一次发情前绝育，可有效预防乳腺癌。一旦猫咪不幸患上了这种疾病，你肯定希望时光倒流，尽早绝育。

绝育的好处

公猫

1. 绝育公猫攻击性小，更适合作为伴侣动物。
2. 没有性冲动的刺激，很少打架，降低感染艾滋病的风险。
3. 降低发情期逃跑、跳楼的风险。
4. 减少标记行为和“乱如厕”问题。
5. 能够降低感染其他疾病和寄生虫的风险，免除前列腺的相关疾病，寿命会更长。

母猫

1. 在6个月、12个月、24个月之前绝育可以使乳腺癌发病率分别降低91%、86%和11%。
2. 避免发情期夜间嚎叫而影响邻里关系。
3. 免除子宫积脓、卵巢肿瘤、子宫内膜炎、卵巢囊肿等相关疾病。

绝育的风险和副作用

这是一种常规手术，一般由熟练的宠物医生来操作，安全性较高，除非猫咪本身有潜在的疾病。

1 **麻醉风险。**术前进行完整的健康检查，慎选手术的医生，便可以降低类似的风险。

2 **绝育后猫咪可能会肥胖。**可以通过调整食物来改善。

缅因猫幼崽绝育后体型可能更大更壮。

绝育手术的注意事项

时间	护理要点
最佳年龄	一般建议 5~6 月龄，具体情况由猫咪健康状态决定，尽量在发情期前手术，效果较好。
手术前	①禁食、禁水至少 4 小时，排空胃部，防止手术麻醉的过程中猫咪呕吐，呕吐物阻塞气管而造成吸入性肺炎，甚至窒息。 ②麻醉恢复后会有兴奋期，用大一点的猫笼装猫咪。绝对不允许用手抱持。 ③确认公猫是否有隐睾的情况。
手术后	①当天即可回家，术后 14 天内不可以洗澡，让猫咪尽量休息，更舒服地度过恢复期。 ②服用一周抗生素即可，术后伤口不需要护理和涂药。 ③前 3 天胃口较差，强行喂流质的营养液或者营养膏。
伤口恢复期	14 天。

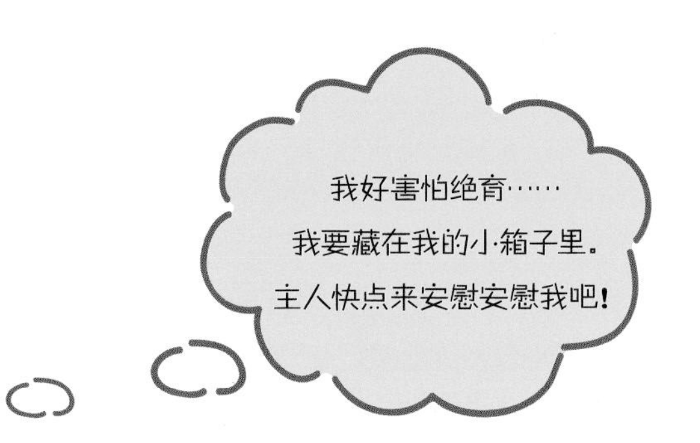

发情期间也能做绝育手术

发情期间，不管是公猫还是母猫都可以做绝育手术。“发情期不能做绝育手术”，实际上是怕子宫充血、变脆。这是经验不足的临床医生容易担心的问题，因为充血状态的子宫体更容易被止血钳夹断或者被缝线切割断。但是对经验丰富的医生而言是完全没有问题的。

常见疾病的防治与护理

眼部疾病

结膜炎

结膜炎是猫咪最常见的眼病，是指结膜（上、下眼睑内和眼球外表面的黏膜）受到炎症的影响。

症状：眼睛充血，结膜水肿，眼分泌物以及眼泪增多，感觉总是擦不完。

病因：过敏、感染（细菌、霉菌、病毒）、外伤（如碰到植物的刺、种子等）。

居家护理：

1. 确定猫咪眼睛里有异物，用温水轻柔地冲洗眼睛。
2. 用棉球或棉布浸温水，然后擦拭眼睛四周，清理掉异物和分泌物。
3. 除非特别有把握，否则千万不能用硬物，如手指、棉花棒、镊子等移除异物。

送医治疗：

1. 如果猫咪的症状在 24 小时内没有改善，就立刻送去就医。
2. 剪短趾甲，戴上防护项圈，防止猫咪抓挠，保护眼睛。
3. 根据宠物医生的建议规律用药。像疱疹病毒引起的结膜水肿，一般来说很容易复发，可以给猫口服赖氨酸，每天一两次，每次 200~500 毫克 / 千克体重，不仅可以缓解症状，而且可以降低复发率。

角膜溃疡

眼角膜的表面通常是平滑的，当表面受到损伤或细胞过度丢失，溃疡就会形成。常发生在感染了病毒的猫身上。

症状：角膜周围组织有炎症、眼睛分泌物渗出、角膜混浊（变成不透光的蓝灰色），出现畏光、眨眼次数增加、眯眼、揉眼睛等症状，表现得好像有视力问题。

病因：抓伤、倒睫、接触腐蚀性化学品以及病毒或细菌感染等，如反复感染疱疹病毒。

居家护理：不要自行尝试进行任何治疗，尽快就医，否则容易造成严重且不可修复的伤害。

送医治疗：

1. 初期主要是抗病毒、抗炎，使用眼药水。要给猫咪戴上项圈，避免猫咪因为不适摩擦眼睛，防止传播。
2. 病情严重的猫咪通过手术移除受伤组织，恢复时间长达数周。在此期间，主人要经常去宠物医院看望猫咪，给予鼓励和关爱。

青光眼

眼球内充满了液状的眼房水，可以维持眼球的正常形状，而且这些眼房水会不断地循环和代谢。一旦眼房水无法顺利地从眼睛内流出，就会造成眼压上升，也就是所谓的青光眼。

症状：急性发作时眼睑痉挛、泪溢，眼睛发红，严重疼痛可能会引起嚎叫，如果不及时治疗，严重的甚至会对眼睛造成不可逆转的伤害。慢性青光眼疼痛症状不明显，但不能轻视。

病因：通常由眼部疾病引起，晶状体异位最为常见，也有可能是外伤或者遗传导致晶状体移动。

送医治疗：静脉注射渗透性利尿剂、降眼压的眼药，必要时进行外科手术。情况较严重的只能进行眼球摘除手术，使用假眼。

白内障

猫咪眼睛的晶状体(或者是晶状体上的膜)呈不透明状，导致无法正常视物。波斯猫、英国短毛猫等比较容易遗传此病。

症状：眼睛出现灰浊状的点，这是白内障正在形成的标志。之后会愈演愈烈，瞳孔不再呈现深邃的黑色，而是呈现白色，且会随着光照的强弱而增大或变小。

病因：先天性畸形、遗传、毒素、辐射、创伤、老化等。

居家护理：一旦怀疑猫咪有白内障，尽快就医。

治疗：治疗白内障的眼药水只能减缓病情恶化的速度，要根治还是要进行手术。手术费用相当高，“铲屎官”要有心理准备。

耳部疾病

外耳炎

耳朵的皮肤发炎，是猫咪最常见的疾病之一。

症状：摇头、耳部有抓伤或有分泌物。

病因：耳朵透气不足、耳垢堆积、感染等都能引起该病。另外耳疥虫、外来异物入耳也会引起该病。

居家护理：要尽快就医，不要尝试自行用棉签处理，否则容易对耳朵造成永久性的伤害。

送医治疗：

1. 耳道冲洗、局部治疗，情况不严重的话，可以只进行耳部冲洗。
2. 如果检查到真菌或细菌感染，主人要遵循医生要求用药，完成整个疗程。

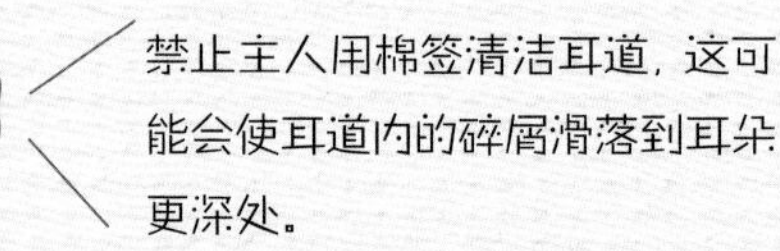

耳疥虫

耳疥虫很小，呈白色，寄生在猫耳朵里，造成大量黑色耳垢。

症状：不停地抓耳朵。

病因：接触了感染耳疥虫的猫咪。

居家护理：任何患有耳疥虫以及接触过病猫的猫咪都需要就医。

送医治疗：

1. 耳疥虫的生命周期为 21 天，一般使用外用寄生虫药以及耳药治疗至少 4 周。
2. 如果家中有其他未感染的猫咪，也需要一起使用外用药，来预防交叉感染。

耳血肿

症状：猫会不断地抓耳朵，过度甩头，剧烈摇晃造成耳朵皮内出血，蓄积的血液造成耳壳肿大。肿胀的程度不一，小的直径约 1 厘米，大的甚至会到整个外耳。

病因：跳蚤、耳疥虫、外耳炎、皮肤过敏、息肉、肿瘤等，撞击硬物或者暴力地甩动耳朵也会导致血肿。

居家护理：一旦发现，尽快就医。

送医治疗：治疗原发疾病，如口服抗生素来治疗严重的感染。另外，必须进行外科手术治疗。

口腔疾病

口腔炎

口腔炎会引起猫咪的口腔黏膜损伤，如果主人不重视，后果会更加严重。为了能够及早发现，要定期检查猫咪的口腔。

症状： 口腔和舌头的溃疡性病变、唾液分泌过多、口臭、进食困难、体重下降，猫拒绝被触摸或张开嘴时表现出疼痛、牙齿碎片遗失等。

送医治疗： 如果是严重的口腔炎，首选的就是拔牙，但有些病例不是拔牙就能治愈的，需要口服环孢素和美洛昔康，同时要积极治疗潜在的感染性疾病，如杆状病毒、疱疹病毒等。

牙周病

3 岁以上的猫咪大约 80% 以上都会发生牙周病。牙菌斑的沉积，慢慢会变成牙垢和牙结石，附着在牙龈和口腔黏膜上，造成细菌感染，细菌产生的有害物质会引起牙周韧带松动和齿槽骨溶解，造成严重的牙周疾病。

居家护理： 每天帮猫咪刷牙，必要时定期带到医院检查或者洗牙。

送医治疗： 症状较轻者可先洗牙，如果齿根外露，宠物医生会考虑是否拔牙。

幼年狸花猫。

皮肤疾病

猫的皮肤病可由多种情况引起，如外伤，真菌（马拉色菌）感染、细菌（跳蚤咬伤）感染，过敏（吸入或接触过敏原、食物过敏）等。

户外的猫更容易受到跳蚤等外部寄生虫的感染，与其他猫或动物打架时受伤，导致患病风险更高。此外，公猫，尤其是没有绝育的公猫，比母猫更容易出现攻击性行为，导致被咬伤从而引起脓肿。

症状： 过度抓挠、舔舐或咀嚼皮毛，皮肤发红、肿胀，毛发脱落引起秃斑，皮肤结痂、有鳞或片状，皮肤肿胀或隆起。

送医治疗：

1. 对猫咪被咬伤后出现的严重脓肿，可进行引流、清洗，如有需要可注射药物来缓解疼痛，并使用抗生素。
2. 对继发性细菌感染，注射抗生素药物减少炎症和瘙痒。
3. 选择功能性沐浴露，调整饮食结构，确保营养均衡能够保持皮肤和毛发健康。

宠物医生会根据情况选择合适的治疗方法。有些猫咪可能需要数周的治疗，要积极配合医生，不能擅自增加或者缩短疗程。

黑下巴和黑尾巴

猫咪黑下巴和黑尾巴，医学上用“痤疮和粉刺”来描述。任何品种的猫都有患病风险，没有性别差异，严重程度各有不同。最常发病的部位是下颌，严重时会水肿、出现瘢痕。

居家护理： 可使用抗菌沐浴露进行局部搓洗，每周 2 次，每次揉搓 5 分钟。尽量用不锈钢或玻璃材质的水盆，不要用塑料容器给猫喝水。其他日常护理见本书第 142 页。

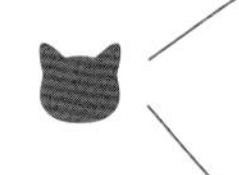

治疗前热敷下巴或者尾巴效果更好。猫痤疮主要还会影响到美观，并且可能会引发继发感染，严重时需要手术治疗。

循环系统疾病

心肌病

猫的心肌病主要分为三种：肥大性心肌病、扩张性心肌病和限制性心肌病。肥大性心肌病最常见，发生年龄为 3 月龄至 16 岁，没有性别差异。

症状： 液体堆积在胸膜腔和心包腔，最明显的特征就是猫咪呼吸加快，张口呼吸。打个比方，就好比瓶内有个气球，不断向瓶中加水，气球不断受压，压力越来越大。这里的瓶就是胸部，气球是肺，水就是积液。积液越多，肺部扩张程度越小。猫的腹部可能变大但体重下降，因为肌肉含量在下降。

病因： 通常是遗传或先天缺陷（从出生就存在）。一出生就有此缺陷的猫咪很少能活过 1 岁。

居家护理： 让猫保持安静，别让它过于激动。

送医治疗：

1. 如果早期就诊断出心肌病，可及时进行干预和管理。
2. 病情严重的猫咪，可以使用辅助心脏动力的药物或缓解血栓的药物进行治疗。

消化系统疾病

胰脏炎

猫咪的胰脏炎多属于慢性胰脏炎，没有品种、性别和年龄的特异性，大多为自发性的。而急性胰脏炎通常较为严重。

症状：猫咪食欲减退，无精打采，讨厌被抱起。还会出现食欲不振、呕吐、腹泻、脱水等症状，严重时甚至会陷入休克或者昏睡。

病因：因感染或腹部遭重击等造成胰脏损伤，以及寄生虫、炎症等，都能引起胰脏炎。

送医治疗：

1. 输液治疗，改善脱水症状，保证体内电解质平衡，预防并发症。
2. 注射止痛针，减轻猫咪的不适，并且适当注射食欲促进剂，改喂脂肪含量低的食物。
3. 如果猫咪的呕吐不频繁，必须进食，可少量多餐，并且服用药物控制呕吐。

巨结肠症

巨结肠症发生的年龄很宽，一般是在5~6岁，并且没有品种和性别的特异性，但是肥胖和较少运动的猫咪患病风险较大。

症状：便秘、食欲不振、呕吐、脱水、无精打采，不断进出猫砂盆却没有排便。

病因：通常是长期慢性便秘导致的结果，也有部分猫的巨结肠症是先天性的，结肠平滑肌功能紊乱或结肠神经损伤也会引起该病。

送医治疗：

1. 使用改善消化功能的药物如泻药，必要时灌肠。
2. 必要时将扩张无收缩能力的结肠手术切除，但是仍然会有复发的可能。

炎症性肠道疾病

自发性的炎症性肠道疾病是指正常的炎性细胞浸润于胃肠道黏膜所造成的胃肠道疾病。炎症性肠道疾病通常发生于5月龄至中老年的猫咪，是一种免疫疾病。

症状：间歇性呕吐、厌食、体重下降、便血，但是在临床检查时通常都不会出现任何异常。

送医治疗：此病很难完全治愈，需要长期服用低过敏性处方猫粮。在发病初期可用环孢菌素或泼尼松控制病情，长期控制病情可使用抗生素。

脂肪肝

脂肪肝是最常见的猫咪肝脏疾病，也称为肝脏脂肪沉积。尤其是肥胖猫咪，如果数日没有进食，很有可能是脂肪肝。

症状：没有精神和食欲、呕吐、腹泻，后期严重时，可能会有黄疸、痉挛、意识不清等症状。

病因：脂质代谢异常，肝脏内堆积了很多脂肪，从而引起肝功能异常。

居家护理：最重要的就是预防，如果猫咪开始不吃东西，要及时就医。

送医治疗：补充氨基酸等营养物质，如果呕吐严重，必要时插入鼻饲管，饲喂高蛋白食物。

呼吸系统疾病

感冒

猫咪感冒相当常见，尤其是多猫家庭（特别是在猫舍里）会快速传播。

症状：食欲不振、眼睛发红、发热、打喷嚏、流鼻涕、咳嗽、口腔溃疡、无精打采等。

病因：常见原因一是猫疱疹病毒，二是杆状病毒。病毒会从一只受感染的猫传播到另一只猫，通过飞沫传播，有些猫咪还是无症状感染者。

居家护理：

1. 多猫家庭一旦有猫咪出现感冒症状，就要立刻隔离。
2. 即使成功治愈，猫也会成为病毒携带者。
3. 不管猫咪是否想进食，一定要饲喂，推荐主粮罐头或 AD 罐头。

送医治疗：

1. 给予抗生素，首选阿奇霉素，一日 2 次，每次 10 毫克 / 千克体重，连续 1~2 周。
2. 用温水擦拭眼鼻分泌物后使用眼药水，原则为抗生素和抗病毒型眼药水联合使用。

肺炎

肺炎是指肺的内部组织发炎，严重感染会出现并发症，如低血氧症、胸膜炎、纵膈炎或条件性致病菌的入侵，还会引起全身性反应。

症状：不断地咳嗽、咳出大量的痰和黏液，呼吸困难，不愿运动甚至连动都不想动，发热，疲倦以及缺乏对食物的兴趣。

病因：肺炎可由细菌或病毒感染引发，也可因吸入食物或呕吐物、烟甚至化学物质所引起，极可能会发生二次细菌感染。

居家护理：寻求宠物医生的治疗前，家中如果有条件，可以给猫吸氧。

送医治疗：

1. 寻找病因，如真菌、细菌、寄生虫、异物、肿瘤等。
2. 可能要求猫住院，要配合治疗。

如果家里还有别的“四脚兽”，我感冒的时候，请它们不要靠近！

泌尿系统疾病

下尿路疾病

自发性膀胱炎：是 10 岁以下猫最常见的尿路症状。当猫没有得到满足它们想要的愉悦环境以及释放自己抓挠的天性，或者惊吓、恐惧等无法缓解时，可能就会出现自发性膀胱炎。

尿结石：10%~20% 的猫会患上结石，肾脏、膀胱、输尿管、尿道中都可能存在。

细菌性尿路感染：常见于患有肾脏疾病的老年猫（10 岁及以上）。

症状：下尿路疾病会影响猫的排尿能力，出现尿中带血、排尿痛苦、行为改变（如嘶叫、躲藏、敏感）等。

居家护理：所有患有自特发性膀胱炎的猫都需要舒适方便的环境，如抓挠区域以及互动玩具，通过满足猫咪的需要，能降低下尿路疾病发作的风险。

送医治疗：

1. 一旦确诊，医生会根据病史、检查结果，制订一系列治疗计划。
2. 如果猫咪仍然焦虑，可以使用信息素缓解。如果猫咪有尿结石，按照医生要求，更换为医生推荐的下泌尿道处方粮。如果猫被诊断为细菌性尿路感染时，医生会使用抗生素。

内分泌系统疾病

糖尿病

由于胰腺分泌的胰岛素发生异常，从而引起糖代谢障碍，使得血糖值升高。肥胖和患慢性胰腺炎的猫咪容易患糖尿病。

症状：三多一少，即饮水量增加、尿液增多、食量增加，体重减轻。严重的猫会伴有口腔炎以及脂肪肝等，而脂肪肝会进一步恶化症状，表现为呕吐、脱水甚至黄疸。

送医治疗：单纯的糖尿病可注射甘精胰岛素，结合严格的饮食限制，一日两餐。伴有口腔炎的猫咪，先控制炎症，同时治疗糖尿病。

甲状腺功能亢进症

与体内基础代谢相关的甲状腺激素分泌异常而引起的疾病。中高龄猫咪容易患这种疾病。

症状：猫咪时常不安，大量饮水，食欲旺盛，但是体重却会减轻。

送医治疗：

1. 内科疗法，使用抗甲状腺激素的药剂。
2. 外科疗法，切除变大的甲状腺。

生殖系统疾病

子宫积脓

子宫积脓是由于雌性生殖道的内膜变化而发生的继发性感染。子宫积脓被认为是一种严重威胁猫咪生命的疾病，必须迅速地积极地进行治疗。

细菌是如何进入子宫的？

虽然当子宫颈开放或放松的时候，细菌很容易进入子宫，但正常猫咪的子宫环境是不利于细菌存活的。然而，当子宫壁增厚时，便给细菌生长提供了很好的条件。另外，如果此时子宫异常，由于子宫壁增厚或受孕激素的影响，子宫肌肉无法正常收缩，那么进入子宫的细菌便不能被排出体外。

症状：临床症状取决于子宫颈是否开放。如果子宫颈是开放的，脓性分泌物就会排到外面，可能出现在猫尾巴下的皮肤或毛发上，或猫躺过的用品和家具上。但由于猫爱干净，导致主人在看到分泌物之前就会把它清理干净。当子宫积脓时，猫咪可能有发热、嗜睡、厌食和抑郁。如果子宫颈是闭合的，形成的脓液就无法流出，在子宫内聚集，引起腹部膨胀。细菌释放毒素进入血液循环。患有闭合性子宫积脓的猫会很快病重，可能有厌食、无精打采、呕吐、腹泻等症状。

送医治疗：

1. 首选的治疗方法是手术切除子宫和卵巢，住院输液一周。
2. 手术前后需要静脉输液来稳定猫的状态。

传染性疾病

猫传染性腹膜炎

是由猫冠状病毒变异引起的致命性疾病，猫传染性腹膜炎在多猫家庭、收容所和繁殖场所更为普遍。主要感染血液中的单核细胞，被病毒侵袭的细胞进入组织和器官，引起脓肉芽肿、腹水等症状，是高致死性疾病。

猫传染性腹膜炎的两种类型：

湿型（渗出性），会导致体液在体腔中的积聚，如腹部和胸部，引起腹胀和呼吸困难，有大量腹水，这种液体通常是黄色透亮的。猫咪消瘦，中毒到重度贫血。

干型（非渗出性），猫全身可见脓肉芽肿病变，包括脾脏、肾脏、肝脏等出现结节，伴有神经系统病变，如麻痹、痉挛等。猫咪腹部能摸到结节，伴有贫血和黄疸。

家庭护理：猫传染性腹膜炎没有特别有效的治疗方法，居家预防胜于治疗。

1. 居住环境干净卫生，猫砂盆与水盆、食盆要隔开，并且每天清理。
2. 不建议养太多只猫，群聚饲养的猫群很容易感染。
3. 一个猫砂盆不能多只猫共用。

送医治疗：确诊后，宠物医生会依据情况，单独或联合用药。

人畜共患传染病

人畜共患传染病是用来描述可以通过动物传染给人类的相关疾病的术语。这里有一些人畜共患传染病需要引起密切关注。

癣	癣通过与受感染动物的直接接触传播。这种真菌疾病会引起皮肤发痒、发红和过敏皮疹。最易受感染的群体是儿童和免疫功能低下的人。
体内寄生虫	体内寄生虫是通过直接接触受感染动物的粪便传播的，如蛔虫、钩虫和绦虫等，可以在人类中引起严重的感染。
贾第鞭毛虫	贾第鞭毛虫可以通过粪便传染给人类。所以要避免徒手去触摸宠物的粪便。感染贾第鞭毛虫最典型的症状是腹泻，预防的最好方法是确保猫咪不喝来源不明的水。
弓形虫	弓形虫通过猫粪便传染给人类，大多数被感染的人没有临床症状。女性在怀孕后避免接触猫砂盆是最安全的，戴手套和勤洗手也是预防传播的关键。
猫抓热	通常是由猫抓伤、咬伤或感染的唾液进入开放性伤口引起的。猫会被跳蚤咬伤然后感染，趾甲上就会携带该细菌。在人类感染时，会有类似流感的症状出现，包括疲劳、头痛和淋巴结肿大的现象。预防这种疾病传播的最简单方法是对猫进行驱虫。
狂犬病	如果与受感染的动物接触，特别是被其咬伤或抓伤，可以传染给人，症状包括虚弱、头痛、焦虑和幻觉等。